畜禽解剖生理

蔡忠陆　王　丽　编著

中国农业科学技术出版社

图书在版编目（CIP）数据

畜禽解剖生理／蔡忠陆，王　丽编著．—北京：中国农业科学技术
出版社，2015.5
ISBN 978 – 7 – 5116 – 2099 – 6

Ⅰ．①畜…　Ⅱ．①蔡…②王…　Ⅲ．①畜禽 – 动物解剖学 – 生理学 –
中等专业学校 – 教材　Ⅳ．①S852.1

中国版本图书馆 CIP 数据核字（2015）第 102084 号

责任编辑　张孝安
责任校对　李向荣

出　版　者	中国农业科学技术出版社
	北京市中关村南大街 12 号　邮编：100081
电　　　话	（010）82109708（编辑室）　　（010）82106624（发行部）
	（010）82109703（读者服务部）
传　　　真	（010）82106650
网　　　址	http://www.castp.cn
经　销　者	各地新华书店
印　刷　者	北京富泰印刷有限责任公司
开　　　本	787 mm × 1 092 mm　1/16
印　　　张	10
字　　　数	210 千字
版　　　次	2015 年 5 月第 1 版　2015 年 5 月第 1 次印刷
定　　　价	30.00 元

前　言

　　《畜禽解剖生理》是根据中等职业教育国家规划畜牧兽医专业《畜禽解剖生理（第三版)》教材开发而成，与主教材课程结构体系保持一致，主要内容有畜体基本结构、运动系统、被皮系统、内脏概述、消化系统、呼吸系统、泌尿系统、生殖系统、循环系统、淋巴系统、神经系统、内分泌系统、感觉器官、体温和禽类解剖生理特征，共15个能力单元。主要采用能力培养的形式来体现本课程教学内容，为教师教学和学生自学提供方便。

　　本课程是畜牧兽医专业的必修课和专业基础课，本课程内容是畜牧兽医岗位应具备的基本专业技能。课程承担着畜禽解剖和生理专业基本技能的传授任务。只有掌握了解畜禽解剖和生理知识及专业技能，才能正确认识和掌握正常畜禽各器官、系统的形态结构及它们之间的相互关系，掌握各系统的生理过程以及它们发生的原因条件，才能进一步学习好后续专业课程，才能在工作中更好地为畜牧业服务。

　　《畜禽解剖生理》既是有关专业基础课和专业课的先导，还应为学生拓宽知识面和提高其适应能力奠定坚实的理论基础。其任务是：让学生掌握动物有机体各系统、器官和组织的正常形态结构，了解各器官和系统的生理功能，从而为后期相关课程的学习打下坚实的理论基础和直观的形态学基础。

　　《畜禽解剖生理》是畜牧兽医、动物医学、动物防疫与检疫等专业必修的重要专业基础课。它直接服务于畜禽繁育、动物营养与饲料、动物微生物、兽医基础、养猪、养鸡、养牛、养羊、兽医临床诊断、动物普通病、动物流行病、动物性食品卫生检验、动物防疫与检疫等专业课程所面向的专业技术和相关职业工作领域。

　　本课程由霍邱县陈埠职业高级中学蔡忠陆老师牵头，畜牧兽医专业教研组主持编写。专业建设指导委员会成员：安徽科技学院教授宁康建、霍邱县畜牧局副局长高级畜牧师王敬佩、安徽浩宇牧业有限公司董事长焦俊、新疆农业职业技术学院教授丑武江、皖西麻黄鸡禽业有限公司总经理高级畜牧师李绍全、龙源数字传媒集团等个人或单位提供了支持。

　　值此课程付印之际，我们对畜牧兽医专业建设指导委员会、陈埠职高、霍邱县教育局、校企合作养殖企业以及所有关心、支持和参与本课程编制工作的单位和个人表示诚挚的感谢！为了使读者能尽量准确地掌握各种畜禽的形态特征，本书部分图片源自《百度图片》网站，对此表示诚挚的谢忱。

　　由于水平有限，不妥之处敬请读者批评指正！

作　者

2015 年 2 月

目　录

绪　论

【教学内容目标要求】

教学内容：（1）畜禽解剖生理学的概念内容。

（2）学习畜禽解剖生理学的目的和意义。

（3）学习畜禽解剖生理学的方法。

目标要求：要求知道畜禽解剖生理学的内容以及畜禽解剖生理学在畜牧兽医学科的地位。

【主要能力点与知识点应达到的目标水平】

教学内容题目	职业岗位知识点、能力点与基本职业素质点	目标水平				
		识记	理解	熟练操作	应用	分析
畜禽解剖生理的概念和学习方法	知识点：畜禽解剖生理的研究内容	√				
	能力点：掌握学习畜禽解剖生理的方法		√		√	
	职业素质渗透点：通过对课程的概述，端正学生学习的态度，树立学生为畜牧兽医专业服务的思想				√	√

【教学组织及过程】

学识内容

一、畜禽解剖生理学的概念内容

（一）畜禽解剖学

1. 大体解剖学

用刀、剪等器械解剖动物的尸体，肉眼观察、比较、量度各器官的位置、形态、大小、重量和结构等。

2. 显微解剖学

3. 发生解剖学

研究家畜和家禽个体发生规律的科学。

（二）畜禽生理学

在讲解过程中介绍家畜解剖生理的发展简史以及最新研究进展，提高学生的学习兴趣

两个水平：
{ 细胞、分子水平（普通生理学）
器官、系统，整体水平：器官、系统之间，机体与环境活动规律、
生理功能，产生的原理、相互影响、控制调节等。

二、学习畜禽解剖生理学的目的和意义

联系畜牧兽医生产实际讲解，使学生明白畜禽解剖生理是畜牧兽医等专业重要的基础课，为后续的课程打下坚实的基础。

三、学习畜禽解剖生理学的方法

1. 局部与整体的关系

2. 形态构造和机能的关系

3. 畜体和外界环境的关系

四、知识要点

> 在讲解过程中结合具体章节进行学习，给学生树立正确的学习观。

畜禽解剖生理学：是研究畜禽有机体各器官的正常形态构造、生理机能及发生发展规律的科学。

【作业及思考】

预习新内容

能力单元一　畜体基本结构

任务（一）　细胞、组织

【教学内容目标要求】

教学内容：（1）细胞膜的生理机能。

（2）细胞质和细胞核。

（3）细胞的生命活动。

（4）组织。

目标要求：（1）掌握细胞膜的生命活动、组织的分类、形态和分布。

（2）理解细胞的特征。

（3）了解细胞质和细胞核的组成、组织的功能、神经元的基本结构。

【主要能力点与知识点应达到的目标水平】

教学内容 题目	职业岗位知识点、能力点 与基本职业素质点	目标水平				
		识记	理解	熟练操作	应用	分析
细胞组织	知识点：细胞、组织的基本概念	√	√			
	能力点：掌握并熟记细胞、组织的基本概念		√			
	职业素质渗透点：通过讲解"细胞学说"让学生了解生物界基本结构的统一性，使学生初步建立唯物主义进化论意识。					√

【教学组织及过程】

学识内容

细胞

一、细胞的形态和大小（图1-1）

细胞的种类繁多，形状差别大，功能也不同。例如，表皮细胞扁平，具有保护功能；肌肉细胞细长，能做收缩动作；神经细胞长且有很多突起，能传导冲动。

细胞形态：圆形、椭圆形、方形、柱形、扁平形、梭形和星形。

二、细胞的结构

细胞非常微小，要用显微镜才能观察到，但是，构造却很复杂。基本上，细胞是由一团原生质所组成，这一小团原生质又分化为细胞膜、细胞质及细胞核。

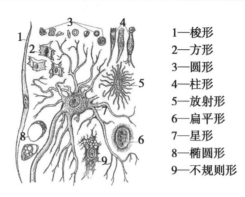

1—梭形
2—方形
3—圆形
4—柱形
5—放射形
6—扁平形
7—星形
8—椭圆形
9—不规则形

图 1 - 1　细胞的形态

（一）细胞膜（图 1 - 2）

1. 细胞膜的组成

磷脂分子和蛋白质分子。

2. 细胞膜的结构

骨架是磷脂双分子层。蛋白质分子以附着、镶嵌、贯穿的形式存在于磷脂双分子层上。

> 结合动物营养饲料与动物生物化学的脂类知识进行讲解。

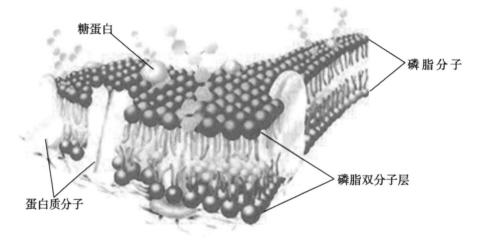

糖蛋白

磷脂分子

磷脂双分子层

蛋白质分子

图 1 - 2　细膜的结构模型示意图

3. 细胞膜的生理功能

4. 物质出入细胞的方式（图 1 - 3）

> 联系生物、化学、物质的转运进行学习。

（1）自由扩散：是指物质从浓度高的一侧通过细胞膜向浓度低的一侧转运。如：水、O_2、CO_2、N_2、甘油、乙醇、苯。

（2）协助扩散：是指物质从浓度高的一侧通过细胞膜向浓度低的一侧转运时，不需消耗能量，但需要载体蛋白。如：红细胞吸收葡萄糖。

（3）主动运输：是指物质从浓度低的一侧通过细胞膜向浓度高的一侧转运时，需

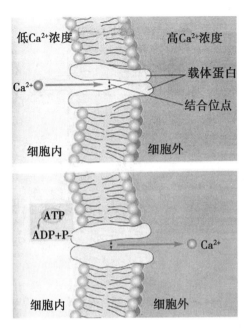

图1-3　主动转运示意图

要消耗能量，需要载体蛋白。如小肠吸收无机盐、葡萄糖、氨基酸。

（二）细胞质 = 细胞质基质 + 细胞器（图1-4）

结合职高生物知识，与同学们一起学习各种细胞器以及它们的生理功能。

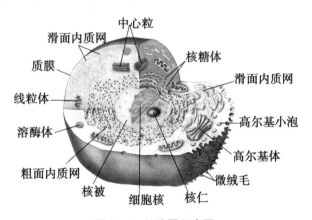

图1-4　细胞器示意图

（三）细胞核（图1-5）

结合职高生物知识，与同学们一起学习细胞核的生理功能以及染色体的概念。让学生通过学习能够区别染色质和染色体，为《畜禽遗传繁育》课程打下基础。

细胞核是细胞的重要组成部分，蕴藏着遗传信息，控制着细胞的代谢、分化和繁殖等活动（图1-6）。

细胞核由核膜、核仁和核质。

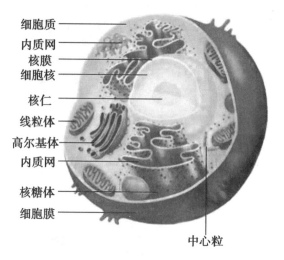

图 1 – 5　细胞核示意图

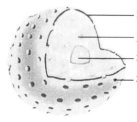

核膜（双层膜，把核内物质与细胞质分开）
染色质（由DNA和蛋白质组成，DNA是遗传信息的载体）
核仁（与某种RNA的合成以及核糖体的形成有关）
核孔（实现核质之间频繁的物质交换和信息交流）

图 1 – 6　细胞核结构模式图

（四）多莉羊的培育过程（图 1 – 7）

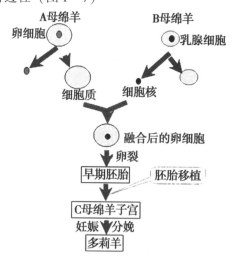

图 1 – 7　多莉羊的培育过程

1. 卵细胞
2. 乳腺细胞

三、细胞的基本机能

（一）重点介绍———— 结合多媒体课件以及挂图进行学习。

（二）知识链接

细胞膜
├─ 结构
│   ├─ 细胞膜的制备方法。
│   ├─ 成分：脂质、蛋白质、糖类。
│   ├─ 模型：流动镶嵌模型。
│   ├─ 1.磷脂双分子层：基本支架
│   ├─ 2.蛋白质：3种存在状态
│   ├─ 大多数是可运动的 ──体现结构特性→ 一定的流动性。物质基础
│   ├─ 3.糖类：与蛋白质结合形成糖蛋白。
│   └─ 细胞的生物膜系统：体现了膜在结构和功能上的联系。
└─ 功能
    ├─ 1.将细胞与外界环境分隔开。
    ├─ 2.控制物质进出细胞。
    ├─ （1）跨膜运输方式：自由扩散、协助扩散、主动运输　体现功能特性→选择透过性。
    ├─ （2）非跨膜运输方式：胞吞、胞吐。
    └─ 3.进行细胞间的信息交流：化学物质通过体液运输、直接接触、形成通道。

细胞质
├─ 细胞质基质
│   ├─ 成分：含有水、无机盐离子、脂类、糖类、氨基酸、核苷酸和许多酶等。
│   └─ 功能：新陈代谢的主要场所，为新陈代谢的进行提供物质和环境条件。
├─ 细胞器
│   ├─ 双层膜结构的细胞器
│   │   └─ 线粒体
│   │   ├─ 形态：椭球形　结构：双层膜围成，内膜内突形成嵴。
│   │   └─ 功能：有氧呼吸的主要场所。数量多少与物种与新陈代谢强度有关。
│   ├─ 单层膜结构的细胞器
│   │   ├─ 内质网
│   │   │   ├─ 结构：由膜连接而成的网状结构。
│   │   │   ├─ 分类：滑面型内质网。粗面型内质网。
│   │   │   └─ 功能：与糖类、蛋白质、脂肪的合成有关，也是蛋白质加工场所。
│   │   ├─ 高尔基体
│   │   │   ├─ 结构：扁平囊状结构。
│   │   │   └─ 功能：与分泌物的生成有关。
│   │   └─ 溶酶体
│   │   ├─ 形态：泡状结构　成分：多种水解酶。
│   │   └─ 功能：分解衰老损伤的细胞器，吞噬杀死侵入细胞的病毒和病菌。
│   └─ 无膜结构的细胞器
│   ├─ 核糖体
│   │   ├─ 形态：椭球形粒状小体。
│   │   ├─ 种类：附着在内质网上的核糖体、游离的核糖体。
│   │   └─ 功能：蛋白质合成的场所　成分：蛋白质、RNA。
│   └─ 中心体
│   ├─ 结构：两个互相垂直的中心粒及周围的物质组成。
│   └─ 功能：与细胞的有丝分裂有关。
└─ 细胞器之间的协调配合（分泌蛋白质的合成）
    ├─ 合成场所：核糖体　能量供应：线料粒体。
    ├─ 初步加工场所：内质网　进一步加工修饰的场所：高尔基体。
    ├─ 方向：核糖体→内质网→囊泡→高尔基体→分泌小泡→细胞膜→分泌到细胞外。
    ├─ 结构：核糖体──→内质网──→高尔基体──→细胞膜
    │   ↓翻译　　↓加工　　↓加工　　↓分泌。
    └─ 功能：蛋白质→较成熟的蛋白质→成熟的蛋白质→特定功能蛋白质。

组织

一、上皮组织

（一）上皮组织的种类

被覆上皮、腺上皮、感觉上皮、生殖上皮。

（二）上皮组织的共同特点

主要对机体起保护作用，具有吸收、排泄、分泌及感觉等功能。

上皮细胞成层分布，并紧密排列成膜状，细胞之间被少量细胞间质粘合。

（三）被覆上皮

1. 被覆上皮结构（图1-8）

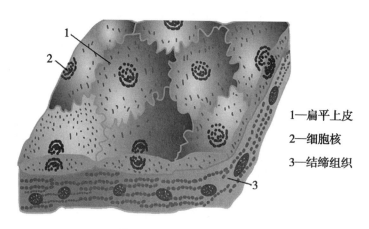

1—扁平上皮

2—细胞核

3—结缔组织

图1-8 被覆上皮结构示意图

2. 被覆上皮类型和主要分布（表1-1）

表1-1 被覆上皮类型和主要分布

类别	区位	器官
1. 单层上皮	（1）单层扁平上皮	内皮：心血管、淋巴管腔面
		间皮：胸膜、心包膜和腹膜表面
		其他：肺和肾小囊壁层上皮
	（2）单层立方上皮	肾小管上皮、甲状腺滤泡等
	（3）单层柱状上皮	胃肠和子宫等
	（4）假复层纤毛柱状上皮	呼吸管道等
2. 复层上皮	（1）复层扁平上皮	角化（皮肤）、未角化（口腔）
	（2）变移上皮	泌尿道
	（3）复层柱状上皮	睑结膜等

被覆上皮位于体表或各种内脏腔面（图1-9a、图1-9b、图1-9c和图1-9d）。具有保护、吸收、分泌和排泄功能。根据细胞层次和表层细胞形状分类命名。

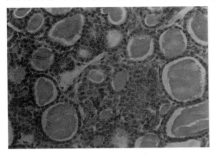

a 单层立方上皮

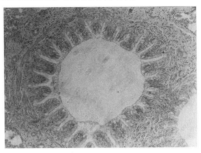

b 假复层柱状纤毛上皮

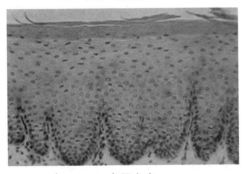

c 复层上皮

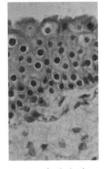

d 变移上皮

图1-9 单层上皮、复层上皮

（四）腺上皮（图1-10a、图1-10b、图1-10c）、感觉上皮、生殖上皮（图1-10d）

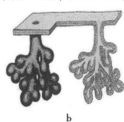

a   b   c

腺上皮

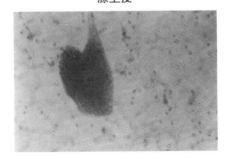

a 感觉上皮、生殖上皮

图1-10 腺上皮、感觉上皮、生殖上皮

二、结缔组织

（一）基础性结缔组织

1. 纤维性结缔组织

又称蜂窝组织（图1-11）。

功用：支持、连接、填充、缓冲、营养和保护。

（1）细胞：成纤维细胞、巨噬细胞、浆细胞、肥大细胞。

（2）细胞间质：纤维和基质

2. 致密结缔组织（图1-12）

结构同疏松结缔组织。

特点：细胞少，纤维多，结构致密而坚韧。

3. 脂肪组织（图1-13）

功用：贮脂、保温、缓冲。

4. 网状组织（图1-14）

由网状细胞、网状纤维、基质构成。

> 结合多媒体课件以及挂图进行学习，让学生了解正常的组织形态结构，为学生今后学习《兽医基础》打好基础。

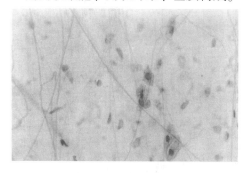

图1-11　蜂窝组织示意图

图1-12　致密结缔组织示意图

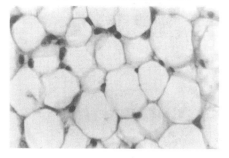

图1-13　脂肪组织示意图

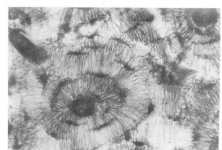

图1-14　网状组织示意图

（二）支持性结缔组织

（1）软骨：由软骨细胞、基质和纤维构成。

（2）骨：由细胞（骨细胞）、基质（有机物和无机物）和纤维（胶原纤维）。

（三）营养性结缔组织

（1）血液：由细胞（血细胞）、基质（血浆）、纤维（纤维蛋白原）。

（2）淋巴：成分与血浆相似，细胞成分主要是淋巴细胞。

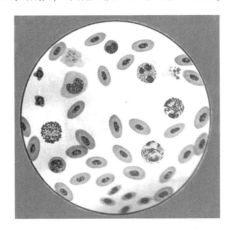

图1-15　淋巴细胞示意图

（3）血液和淋巴液：由细胞（各种血细胞、淋巴细胞）和细胞间质（血浆和淋巴液）组成。

三、肌组织（结合多媒体课件及挂图进行学习，注意区别3种肌组织的异同点）

肌组织类型、特点和分布部位（表1-2）。

表1-2　肌组细分类特点表

类别	平滑肌	骨骼肌	心肌
细胞	梭形	长圆柱状	长圆柱状
核	一个，位于中央	多达一百多个，紧贴细胞膜深面	1~2个，位于细胞中央
类型	不随意肌	随意肌	不随意肌
特点	收缩力弱而缓慢，但能持久，不易疲劳	收缩力强而迅速，易疲劳，不持久	收缩力弱而缓慢，但能持久，不易疲劳
分布部位	消化、呼吸、泌尿、血管等器官的管壁上	附于骨骼上	心脏

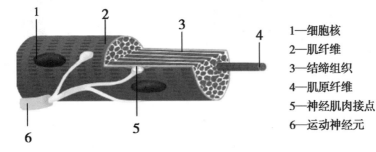

1—细胞核
2—肌纤维
3—结缔组织
4—肌原纤维
5—神经肌肉接点
6—运动神经元

图1-16　肌纤维示意图

肌肉组织主要由肌细胞组成。肌细胞一般呈纤维状，故又叫肌纤维，如图1-16所示。其细胞质中含有许多肌原纤维，因此，肌细胞的细胞质也称为肌浆。肌细胞具有收缩与舒张能力，机体的各种动作，如躯体运动、消化管蠕动、心脏跳动等都是靠肌细胞的收缩与舒张实现的。根据肌细胞的形态结构、分布和功能特点，肌组织可分为3种。

（1）骨骼肌（图1-17）：骨骼肌由骨骼肌纤维组成。肌纤维呈圆柱状，多核，细胞质中的肌原纤维有横纹，故又称横纹肌。由于其多附于骨骼上得名骨骼肌。骨骼肌收缩强而有力，但不持久，易疲劳，可受意识支配，故又称随意肌。

（2）平滑肌（图1-18）：平滑肌由平滑肌纤维组成。肌纤维呈长梭形，细胞核位于肌纤维中央，呈杆状。细胞质中的肌原纤维平滑，没有横纹，故称平滑肌。平滑肌不受意识支配，属于不随意肌，其收缩力弱而缓慢，但持久，不易疲劳。主要分布在消化、呼吸、泌尿等内脏器官壁和血管壁内。

（3）心肌（图1-19）：心肌由心肌纤维组成。肌纤维为短圆柱状，有分支并互相连接成网状。肌原纤维有横纹，但不明显。每个肌纤维有1~2个卵圆形核，位于肌纤维中央。心肌是心脏特有的肌肉，收缩力强而持久，因不受意识支配，故属不随意肌。

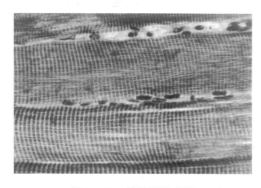

图1-17　骨骼肌示意图

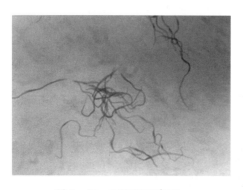

图1-18　平滑肌示意图

图1-19　心肌示意图

四、神经组织

（一）神经元

（1）神经元的结构。

（2）神经元的类型。

（3）神经元之间的联系。

（4）神经纤维。

结合资料挂图和图表进行学习

（5）神经末梢。

（二）神经胶质细胞（图1－20a和图1－20b）

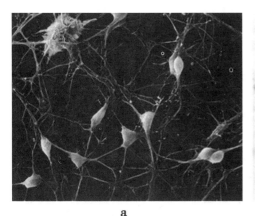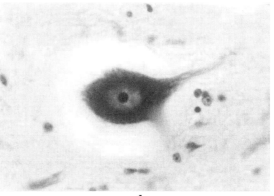

图1－20　神经胶质细胞示意图

五、知识要点

高等动物体的组织通常分为4种，即上皮组织、结缔组织、肌组织和神经组织。

【作业及思考】

一、名词解释

细胞；组织。

二、选择填空题

（1）细胞膜_____（仅起；并非仅起）一种包裹作用，_____（不参与；还参与）细胞和它周围环境间的物质交换等生理过程。

（2）协助扩散主要是指_____（脂；水）溶性物质的跨膜转运，它_____（需要；不需要）细胞膜蛋白的帮助，是_____（主动；被动）转运的一种形式。

（3）大分子物质和物质团块是通过_____（出胞作用；入胞作用）进入细胞膜的。腺细胞分泌酶时，是通过_____（出胞作用；入胞作用）的方式进行的。

（4）线粒体是细胞内进行生物氧化的主要场所（对；错）；细胞内制造蛋白质的小器官是核蛋白体（对；错）；合成脂质和固醇类物质的是粗面内质网（对；错）；溶酶体与细胞内解毒过程有关（对；错）。

三、配对题

1. 胃肠黏膜　　　　　　　　a. 单层立方上皮

2. 气管黏膜　　　　　　　　b. 单层柱状上皮

3. 甲状腺滤泡　　　　　　　c. 变移上皮

4. 食管黏膜　　　　　　　　d. 复层扁平上皮

5. 膀胱黏膜　　　　　　　　e. 假复层柱状纤毛上皮

任务（二）　　显微镜的构造、使用和保养方法

【实验实训一　显微镜的构造、使用和保养方法】

班　级				指导教师			
时　间	年　月　日	周次		节次		实验（实训）时数	2
实验（实训）项目名称	实验实训一：显微镜的构造、使用和保养方法			实验（实训）项目类别		□课程实验　　□课程实习 □岗位综合实训□技能训练	
实验（实训）项目性质		□演示性　□验证性　□应用性　□设计性　□综合性					
实验（实训）组织	实验（实训）地点		同时实验（实训）人数/组数		每组人数		
	实验室						

【实践教学能力目标】

（1）认识显微镜的结构和练习使用显微镜，了解玻片标本的种类。

（2）使学生养成规范、良好的实验习惯。

【职业素质渗透点】

（1）理论指导实践，综合运用能力。

（2）通过讲述培养学生认真严谨的科学态度。

【教学策略】

（1）培养学生自主学习、探究学习、与他人合作学习的习惯。

（2）训练学生初步学会获取信息和加工信息的方法，学会运用对比法、迁移法、实验法和分析法等方法研究问题。

（3）学会运用所学知识，解决一些实际问题。

【实施过程】

实验要求

（1）按时上下课，不允许无故迟到、早退和旷课，有事要请假。

（2）上课要求认真听讲，认真操作。

（3）课后要求复习并认真仔细完成实验报告。

（一）明确实验室的规则

结合"实验室规则"对学生进行教育，并向学生提出要求：

（1）每次做实验之前先看好实验桌上物品摆放情况，以便实验结束照原样摆好。

（2）保持桌面整洁，固体废物倒入污物筒，液体废物倒入水池。

（3）每个学生的实验坐位固定。

（4）每次实验后轮流打扫卫生。

（二）对照实物学习显微镜结构

教师先拿一显微镜介绍其各部分的名称和功能，从下自上：镜座、镜柱、镜臂、载物台（通光孔、压片夹）、遮光器、反光镜、镜筒、转换器，再重讲粗准焦螺旋和细准

焦螺旋、转换器等（图1－21a和图1－21b）。并要配合一些操作动作，以加深学生的记忆。例如：转动转动器选择不同的物镜等，旋动粗准焦螺旋和细准焦螺旋两者的明显区别。

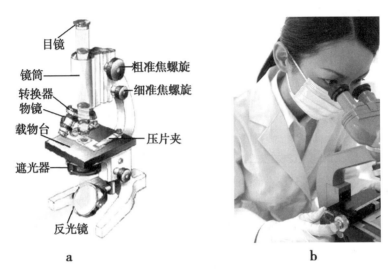

图1－21　显微镜结构与使用

（三）显微镜使用注意事项歌诀

　　　　　　能用低镜勿用高，操作规程要记牢；
　　　　　　禁手抚摸目物镜，擦镜纸擦效果好；
　　　　　　勿乱转焦转换器，载物台保洁干燥；
　　　　　　取送镜时轻拿放，右手握臂左托座；
　　　　　　实验完毕复原样，送回原处保存好。

（四）显微镜的使用方法训练

将每一步总结成简单的字、词。便于学生记忆。例如，操作步骤如下。

（1）取镜：右握左托安放。

（2）略偏左，按镜头。

（3）对光：升—转—看—调。

（4）观察：放—压—降（侧视）—看—升—调。

然后，师生同步操作，教师应重在检查学生的操作动作是否规范并给予指出，特别应反复强调在观察物象时，学生应左眼看物镜里的图象同时右眼要睁开，以便绘图。

（五）认识玻片标本

简要介绍它们的特点和用途，并每种展示相应的玻片标本，强调说明必须是薄而透明的材料才能在显微镜下观察。

（六）小结

让学生回顾一下显微镜的使用步骤及几种不正确的操作动作。

【作业及思考】

熟记显微镜的各部结构，并根据体会写出显微镜的使用方法及应注意的问题。

任务（三）　器官、系统、有机体、常用方位术语

【教学内容目标要求】

教学内容：（1）器官、系统和有机体的概念。

　　　　　（2）畜体各部名称。

目标要求：（1）掌握器官、系统的概念。

　　　　　（2）理解有机体的调节。

　　　　　（3）了解器官、系统的组成；畜禽、家禽各部名称。

【主要能力点与知识点应达到的目标水平】

教学内容 题目	职业岗位知识点、能力点 与基本职业素质点	目标水平				
		识记	理解	熟练操作	应用	分析
基本组织、器官、系统、有机体、方位术语	知识点：器官、系统、有机体	√				
	能力点：掌握并熟记畜禽各部名称		√		√	
	职业素质渗透点：通过"生物结构和生理功能相统一"等生物科学知识的学习和理解，帮助学生树立辩证唯物主义的观点。					√

【教学组织及过程】

器官、系统和有机体的概念

一、器官（图1－22）

器官由几种不同组织按一定规律有机地结合在一起，在体内占有一定位置，具有一定的形态结构，并执行一定功能。

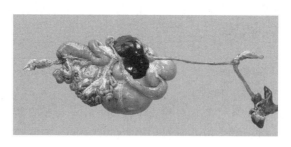

图1－22　动物器官

器官：如胃、肠、肾等。

系统：如口、胃肠、消化腺等构成消化系统。

管状器官是指食管、胃、肠、气管、膀胱及血管等。

实质性器官是指肝、脾、肺及肌肉等。

二、系统

重点介绍系统的概念及畜体的十大系统。

系统是由若干个形态结构不同、功能上密切相关的器官联合起来，彼此分工合作，共同完成体内某一方面的生理功能。

三、有机体

有机体也称生物体（图1-23），是由许多系统构成的统一有机整体。有机体与周围环境必须经常地保持平衡。这一切通过神经体液调节来实现。

图1-23 牛体各部名称示意图

（1）神经调节重点介绍反射的概念及其表现形式；神经调节的特点。

（2）体液调节重点介绍体液调节的表现形式及作用特点。（学生自主收集信息）

四、解剖学常用方位术语

（一）三个基本切面

（1）矢状面：与畜体长轴平行，同时又与地面垂直的切面（图1-24a）。

（2）横切面（冠状面）：与矢状面、额面垂直，将畜禽体分为前、后两个部分的切面（图1-24b）。

（3）额面（水平面）：与地面平行，与矢状面垂直，将畜体分为背、腹两个不对称部分的切面（图1-24c）。

（二）畜体各部名称

1. 家畜各部名称

2. 家禽各部名称

图1-24 马体矢状面、
额面和横切面示意图

五、知识要点

（1）矢状面：与动物体纵轴平行，由于地面垂直的切面。

（2）水平面（额面）：与地面平行，并与矢面垂直的切面。

（3）横断面：横过动物体，并与矢面和额面垂直的切面。

（4）畜体十大系统：运动系统、被皮系统、消化系统、呼吸系统、泌尿系统、生殖系统、心血管系统、淋巴系统、神经系统和感觉器和内分泌系统。

【作业及思考】

一、名词解释

1. 横断面

2. 正中矢状面

3. 肌纤维

4. 额面

5. 神经元

6. 器官

7. 基本组织

8. 神经纤维

二、单选题

1. 可将畜体分成前后两部的切面是 （　　）

A. 矢状面　　B. 正中矢状面　　C. 额面　　　D. 横断面

2. 可将畜体分成背腹两部的切面是 （　　）

A. 矢状面　　B. 正中矢状面　　C. 额面　　　D. 横断面

3. 与畜体纵轴平行且与地面相垂直，可将畜体分成左右相等两部分的切面是 （　　）

A. 正中矢状面　　B. 斜切面　　C. 额面　　　D. 横切面

4. 四肢靠近躯干的一端称 （　　） 远离躯干的一端称 （　　）

A. 远端、近端　　B. 近端、远端　　C. 背侧、腹侧　　D. 背侧、跖侧

5. 前肢的前方和后肢的前方称 （　　）

A. 背侧　　　B. 掌侧　　C. 跖侧　　　D. 内侧

6. 下列哪一个提法不正确 （　　）

A. 骨骼肌细胞多核，有横纹　　　　B. 平滑肌细胞有 1 个核，没有横纹

C. 心肌细胞有 1～2 个核，有横纹　　D. 平滑肌细胞有核，有横纹

7. 血细胞包括：（　　）

A. 红细胞、白细胞和血小板　　　　B. 红细胞、白细胞和血红蛋白

C. 血红蛋白、白细胞和血小板　　　D. 红细胞、血红蛋白和血小板

8. 分布于膀胱黏膜的上皮组织是 （　　）

A. 立方上皮　　B. 柱状上皮　　C. 扁平上皮　　D. 变移上皮

9. 分布于气管黏膜的上皮组织是 （　　）

A. 立方上皮　　B. 假复层柱状纤毛上皮　　C. 扁平上皮　　D. 变移上皮

10. 分布于胃肠黏膜的上皮组织是 （　　）

A. 立方上皮　　B. 单层柱状上皮　　C. 扁平上皮　　D. 变移上皮

三、多选题

1. 畜体四大基本组织包括 （　　　　　）

A. 上皮组织　　　B. 结缔组织　　　C. 神经组织　　　D. 肌组织

2. 健康畜体两侧都是对称的，将畜体从外表大致可分 （　　　　　）

A. 头部　　B. 躯干部　　C. 四肢　　　D. 尾部

3. 下列器官中是鸡头部器官的是（　　　　）

A. 冠　B. 喙　C. 耳　　D. 肉垂

4. 根据基本组织的结构特点，上皮组织可分为（　　　　）

A. 被覆上皮　B. 感觉上皮　C. 腺上皮　D. 变移上皮

四、判断题

1. 牛的四肢离躯干近的一端称近端，远的一端称远端（　）

2. 与畜体长轴平行且与地面相垂直，可将畜体分成左右相等两部分的切面是正中矢状面（　）

3. 四肢的背侧均是四肢的前方（　）

4. 胃、肠、食管和膀胱是中空性器官（　）

5. 有机体是由许多系统构成统一的生命整体（　）

五、填空题

1. 动物体由许多系统构成统一的生命整体称为_____。

2. 根据器官的结构特点可分为_____和_____两种。

3. 水平面的上方和下方分别称_____和_____。

4. 根据肌组织结构和功能特点可分为_____、_____和_____三种。

5. 动物的四大基本组织包括_____、_____、_____、_____。

6. 神经纤维包括_____纤维和_____纤维两种。

7. 根据软骨的结构性质特点可分为_____、_____和_____三大类型。

六、简答题

1. 简述细胞的形态构造？

2. 简述血液的组成？

3. 简述基本组织的分类？

4. 机体是怎样成为一个统一整体并与周围环境的变化相适应的。

任务（四） 牛活体触摸

【实验实训二 牛活体触摸】

班　级				指导教师			
时　间	年　月　日	周次		节次		实验（实训）时数	2
实验（实训）项目名称	实验实训二：牛活体触摸			实验（实训）项目类别		□课程实验　　□课程实习 □岗位综合实训□技能训练	
实验（实训）项目性质		□演示性　□验证性　□应用性　□设计性　□综合性					
实验（实训）组织	实验（实训）地点		同时实验（实训）人数/组数			每组人数	
	养殖场						

【实践教学能力目标】

（1）熟悉接近牛的方法。

（2）掌握牛的常用骨性标志、肌沟、全身骨骼及四肢关节在体表的投影位置。

【实施过程】

一、目的要求

（1）熟悉接近牛的方法。

（2）掌握牛的常用骨性标志、肌沟、全身骨骼及四肢关节在体表的投影位置

二、材料用具

健康牛和马、保定绳。

三、实验内容

（一）畜禽的接近

应先以温和的呼声，向畜禽发出欲要接近的信号，然后再从其前侧方慢慢接近，接近畜禽后可用手轻轻抚摩畜禽的颈侧，待其安静后，再进行体表触摸。为了确保安全，可对实习畜禽作恰当保定后，再触摸畜体。

（二）活体触摸

主要触摸以下内容。

（1）体表可以摸到的骨性标志。

（2）颈静脉沟、髂肋肌沟、股二头肌沟等。

（3）全身骨骼及四肢关节

四、教学组织

学生分两组，一组一小时；教师认真讲解操作规程，边讲解边演示；在学生基本清楚的情况下，教师可以进行分别指导。

【考核】

无。

【实践小结】

熟悉牛体表各部位名称（图1-25）。

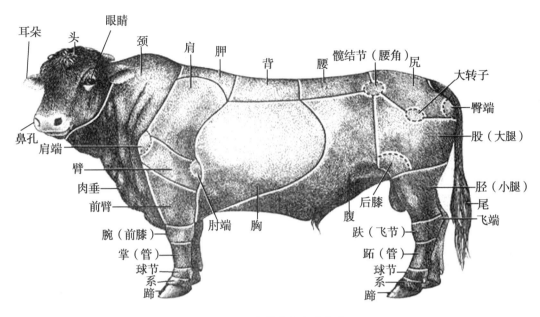

图1-25 牛体表各部位名称

【作业及思考】
绘图，在牛体上标触能摸到的骨性标志、肌沟及关节。

能力单元二　运动系统

任务（一）　骨　骼

【教学内容目标要求】

教学内容：（1）骨骼的基本概念。

　　　　　（2）牛的全身骨骼。

目标要求：（1）熟知脊柱、副鼻窦、骨盆腔、胸腔等的概念；以牛为例全身骨骼的名称、形态和分布以滑膜关节为例的关节的构造。

　　　　　（2）掌握骨骼的分类；长骨的构造及骨的成分。

　　　　　（3）掌握头部骨骼和躯干骨骼的主要标志。

【主要能力点与知识点应达到的目标水平】

教学内容题目	职业岗位知识点、能力点与基本职业素质点	目标水平				
		识记	理解	熟练操作	应用	分析
骨骼	知识点：骨骼的基本特征及全身骨骼	√				
	能力点：掌握并熟记骨骼的基本特征		√		√	
	职业素质渗透点：培养学生在工作中不怕苦的精神					√

【教学组织及过程】

学识内容

一、骨

1. 骨的形态（图2-1a和图2-1b）

长骨、短骨、扁骨、不规则骨。

2. 骨的构造

骨膜：结缔组织。

骨质：骨密质和骨松质。

骨髓：红骨髓和黄骨髓。

血管、神经。

3. 骨的化学成分

（1）有机质：骨胶原（蛋白质）。

（2）无机质：钙盐（磷酸钙和碳酸钙）。

> 结合多媒体教学以及挂图进行讲解，让学生了解骨的基本结构，明白为什么在手术中要保护骨膜。

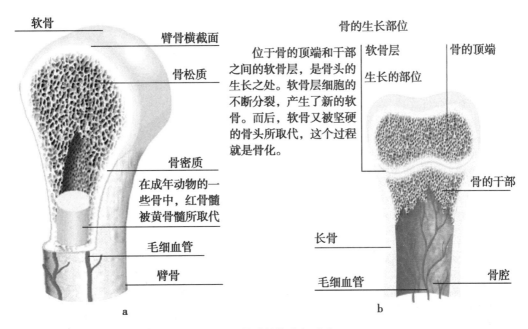

软骨
臂骨横截面
骨松质
骨密质
在成年动物的一些骨中，红骨髓被黄骨髓所取代
毛细血管
臂骨

a

骨的生长部位

位于骨的顶端和干部之间的软骨层，是骨头的生长之处。软骨层细胞的不断分裂，产生了新的软骨。而后，软骨又被坚硬的骨头所取代，这个过程就是骨化。

软骨层
生长的部位
骨的顶端
骨的干部
长骨
毛细血管
骨腔

b

图 2 - 1　骨骼的构造与成分

二、骨连结

1. 关节的构造（图 2 - 2a 和图 2 - 2b）

关节面、关节软骨、关节腔、关节囊。

2. 关节的运动

内收、外展、屈伸、旋转、滑动。

3. 关节的类型

构成关节骨的数目分：单关节和复关节。

按关节的运动轴分：单轴关节、双轴关节和多轴关节。

肩关节
肘关节
腕关节
指关节

a

荐髂关节
髋关节
膝关节
跗关节
趾关节

b

图 2 - 2　牛关节的构造

按关节的活动情况分：①可动关节：可以进行多样运动的，例如踝关节；②少动关节：进行较小范围运动的，例如膝关节；③不动关节：完全不能够进行运动的，例如头

颅，由两片骨头所合成，为不可动关节。

三、牛的全身骨骼（图2-6）

1. 头部骨骼

①头骨的组成；②主要头骨的构造及骨性标志；③鼻旁窦；④头骨的连结。

2. 躯干骨骼

本块内容采用教师讲解加学生自学的方式进行

①躯干骨；②躯干连结。

3. 前肢骨骼

①前肢骨骼；②前肢关节。

4. 后肢骨骼

①后肢骨骼；②后肢关节。

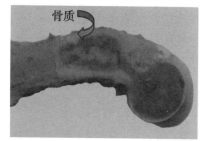

图2-3 骨质

图2-4 骨膜

图2-5 骨胶原纤维

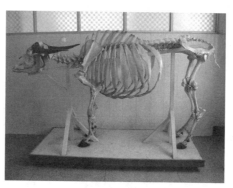

图2-6 牛的全身骨骼形态和结构

四、知识要点

（1）运动系统可构成动物的体型，作为定位的骨性或肌性标志。运动系统由骨、骨连接和骨骼肌3部分组成。

（2）运动系统的功能包括：运动、保护和支持作用。

（3）骨骼的类型包括：长骨、短骨、扁骨、不规则骨。

（4）骨的构造包括：骨质（图2-3）、骨膜（图2-4）、骨髓。

（5）骨的化学成分包括：有机质［主要包含骨胶原纤维（图2-5）和粘多糖蛋白］和无机盐（碱性磷酸钙）。

（6）骨连接分为直接连接和间接连接。①直接连接分为纤维连接和软骨连接；

②间接连接：骨与骨不直接连接，其间有滑膜包围的腔隙，能灵活的运动，又称滑膜连接，简称关节。

（7）关节的结构：关节面、关节软骨、关节囊、关节腔及血管、神经和淋巴管等。关节囊：外层是纤维层，内层是滑膜层。关节腔：为关节囊的滑膜层和关节软骨共同围成的密闭腔隙。

（8）关节的运动包括滑动、伸和屈、内收和外展、旋转。

（9）关节的类型：根据组成关节的骨数分为单关节和复关节。根据关节运动轴数目分为单轴关节、双轴关节、多轴关节。

（10）关节的辅助结构包括韧带、关节盘。

（11）骨骼划分为中轴骨（躯干骨和头骨）、四肢骨。

（12）躯干骨包括脊柱、肋和胸骨。脊柱：颈椎 7 块、胸椎 13 块、腰椎 6 块、荐椎 5 块、尾椎 18～20 块。

（13）椎骨一般构造包括椎体、椎弓、突起。

（14）肋由肋骨和肋软骨组成。前 8 对肋骨以肋软骨与胸骨相接称真肋（胸肋），其余肋骨的肋软骨有结缔组织连接于前一肋软骨，称假肋（弓肋）。有的肋软骨末端游离，称为浮肋。最后肋骨与各弓肋的肋软骨顺次相接，形成肋弓。

（15）胸廓由胸椎、肋骨、肋软骨和胸骨组成的前小后大的截顶锥形的骨性支架。

（16）躯干骨的连接包括脊柱连接（椎体间连接、椎弓间连接、脊柱总韧带、寰枕关节、寰枢关节）和胸廓连接（肋椎关节、肋胸关节）。

（17）头骨分为颅骨和面骨。颅骨包括枕骨、顶间骨、筛骨、蝶骨、顶骨（2）、额骨（2）、颞骨（2），7 种 10 块骨。面骨包括鼻骨、泪骨、颧骨、切齿骨、上颌骨、腭骨、犁骨、翼骨、上鼻甲骨、下鼻甲骨、下颌骨和舌骨共 12 种 21 块骨。其中，犁骨、下颌骨、舌骨为单骨。

（18）在一些头骨的内部，形成直接或间接与鼻腔相通的腔，成为鼻旁窦或副鼻窦。较重要的有额窦、腭窦和上颌窦。

（19）颞下颌关节是由下颌髁与颞骨的颞髁构成的关节，为头骨的唯一可动关节。

（20）前肢骨包括肩胛骨、臂骨、前臂骨（桡骨、尺骨）、腕骨、掌骨、指骨、籽骨。

（21）前肢各骨之间均形成关节：①肩关节：多轴单关节（无侧副韧带）；②肘关节：单轴单关节（有内、外侧副韧带）；③腕关节：单轴复关节（有长的侧副韧带和短的腕骨间韧带）；④指关节：单轴复关节（系关节、冠关节、蹄关节），有韧带。

（22）后肢骨包括髋骨（髂骨、坐骨、耻骨）、股骨、膝盖骨、小腿骨（胫骨、腓骨）、跗骨、跖骨、趾骨、籽骨。

（23）后肢各骨之间形成的关节：①髋关节；②膝关节；③跗关节；④趾关节。

（24）骨盆由背侧的荐股和前 3 个尾椎、腹侧的耻骨和坐骨以及侧面的髂骨和荐结节阔韧带构成的前宽后窄的锥形腔。

【作业及思考】

一、名词解释

脊柱；副鼻窦；骨盆腔；胸廓

二、选择题

1. 椎骨的形态属于（　　）

A. 长骨　　　B. 短骨　　　C. 扁骨　　D. 不规则骨

2. 成年家畜的红骨髓存在于（　　）

A. 长骨骨髓腔内　B. 短骨骨松质　　C. 扁骨骨松质　　D. 不规则骨骨松质内

3. 构成牛颅腔顶壁的颅骨是（　　）

A. 额骨、顶骨和顶间骨　B. 顶骨和顶间骨　C. 额骨　D. 顶骨

4. 下列角顶向前的关节是（　　）

A. 肩关节　B. 肘关节　　C. 腕关节　D. 膝关节

三、思考题

骨的化学成分随着畜禽的年龄、营养状况有什么变化？为什么泌乳性能高的母畜易发生骨软症？

任务（二）　　肌　肉

【教学内容目标要求】

教学内容：（1）肌肉的基本概念。

　　　　　（2）全身肌肉的分布。

　　　　　（3）肌沟。

目标要求：（1）熟知腹股沟管、筋膜、膈肌等的概念；以牛为例全身肌肉的名称、

　　　　　　　形态和分布。

　　　　　（2）掌握肌肉的分类及成分。

　　　　　（3）了解全身主要的肌沟。

【主要能力点与知识点应达到的目标水平】

教学内容 题目	职业岗位知识点、能力点 与基本职业素质点	目标水平				
		识记	理解	熟练操作	应用	分析
全身肌肉	知识点：全身肌肉的名称、形态和分布	√				
	能力点：掌握并熟记全身肌肉的名称和分布		√	√	√	
	职业素质渗透点：树立局部与整体统一的观点					√

【教学方法】

采用多媒体教学与挂图相结合的方式进行教学，在讲解的基础上鼓励学生自学，总结出相应的重点与难点。

学习内容

一、肌肉的概述

（一）肌的基本构造

每块肌都由肌腹和肌腱两部构成。肌腹由肌纤维构成，具有收缩功能。肌腱由致密

结缔组织构成，阔肌的肌腱又称腱膜。

让学生明白肌肉间是可以分离的，为今后的手术打下基础

（二）肌肉的形态：有长肌、短肌、阔肌、纺锤形肌和环形肌 5 种（图 2 - 7）。

（三）肌肉的起止点

（四）肌肉的种类及命名

（五）肌的辅助结构

1. 筋膜

（1）浅筋膜：位于皮下，由疏松结缔组织构成，又称皮下筋膜。

（2）深筋膜：位于浅筋膜深面，由致密结缔组织构成。

图 2 - 7 肌肉的形态

2. 黏液囊

位于腱和骨面接触处，为一密闭的、结缔组织扁囊，内含滑液。

3. 腱鞘

包于长肌腱外面，为一互相连续的双层鞘状结构，内含滑液。

二、家畜全身肌肉（结合牛体和羊体挂图进行讲解）（图 2 - 8 和图 2 - 9）

1. 皮肌

图 2 - 8 牛体肌肉

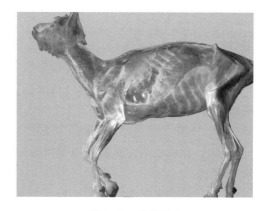

图 2 - 9 羊体肌肉

位于浅筋膜内的薄层骨骼肌，用以驱逐蚊蝇，抖掉灰层和水滴等。

2. 头部肌肉

面部肌；咀嚼肌。

3. 躯干肌肉

（1）脊柱肌：背腰最长肌；髂肋肌(在此重点介绍猪的眼肌)。

（2）颈腹侧肌：胸头肌；肩胛舌骨肌；胸骨甲状舌骨肌（重点介绍静脉注射部

位——颈静脉沟）。

（3）胸壁肌：肋间肌；膈。

（4）腹壁肌：腹外斜肌；腹内斜肌；腹横肌；腹直肌。

（重点介绍四层肌肉的纤维走向，在手术缝合时要注意分层缝合）

4. 前肢肌肉

（1）肩带肌：是连接前肢与躯干的肌肉。多数起于躯干，止于肩部和臂部。

（2）肩部肌：分为外测肌和内侧肌。

（3）臂部肌：分为背侧肌群和掌侧肌群。

（4）前臂及前脚部肌：分为背外侧肌群和掌侧肌群。

5. 后肢肌肉

（1）臀股部肌：臀肌；臀股二头肌；半腱肌；半膜肌等。

（2）小腿及后脚部：分为背外侧肌群和跖侧肌群。

三、肌沟

颈静脉沟、髂肋肌沟、前臂正中沟、股二头肌沟。

四、知识要点

（1）肌肉可分为平滑肌（胃肠和血管）、心肌、骨骼肌（横纹肌、随意肌）

（2）肌肉由肌腹和肌腱构成。肌腹具有肌外膜、肌束膜、肌内膜。

（3）起止点：①起点：肌肉的不动附着点（一般靠近躯干或四肢近端）；②止点：肌肉的活动附着点（一般远离躯干或四肢远端）

（4）辅助器官：筋膜、黏液囊、腱鞘、滑车、籽骨。

（5）头部皮肌（面皮肌、额皮肌）、肩臂皮肌、躯干皮肌（胸腹皮肌）。

（6）与躯干连接的肌肉（肩带肌）包括斜方肌、菱形肌、臂头肌、背阔肌、肩胛横突肌、腹侧锯肌、胸肌。

（7）作用于肩关节的肌肉（肩部肌）屈肌包括三角肌、大圆肌、小圆肌。

（8）作用于肘关节的肌肉（臂部肌）的伸肌包括臂三头肌、前臂筋膜张肌、肘肌。屈肌包括臂二头肌、臂肌。

（9）牛躯干肌包括脊柱肌、颈腹侧肌、呼吸肌（胸臂肌）和腹壁肌。

（10）髂肋肌沟为髂肋肌与背腰最长肌之间有一较深的沟，叫髂肋肌沟，沟内有针灸穴位。

（11）膈为主要的吸气肌，位于胸腹腔之间，呈圆顶状，突向胸腔。膈上有 3 个孔，由上到下食管裂孔、腔静脉孔。

（12）腹壁肌包括腹外斜肌、腹内斜肌、腹直肌、腹横肌。

（13）腹股沟管是位于腹底壁后部，耻前端两侧，是腹内斜肌与腹外斜肌之间的斜行裂隙。

（14）腹白线为下面左右两侧的腹壁肌在腹底壁正中线上，以腱质相连，形成的一条白线。

（15）头部肌：头部肌分为咀嚼肌、面肌、舌骨肌。

（16）后肢肌肉：①臀股部肌：臀肌、臀股二头肌、半腱肌、半膜肌等；②小腿及后脚部肌：分为背外侧肌群和跖侧肌群。

【作业及思考】

一、名词解释

1. 关节

2. 颈静脉沟

3. 鼻旁窦

4. 腹白线

5. 齿槽间缘

6. 下颌间隙

7. 腹股沟管

二、选择题

1. 三角肌的作用：A. 伸肩关节　B. 屈肩关节　C. 内收臂骨　D. 外展臂骨

2. 髋关节的伸肌：A. 臀肌　B. 臀股二头肌　C. 半腱肌　D. 半膜肌

3. 下列参与吸气的肌肉：A. 肋间外肌　B. 肋间内肌　C. 膈　D. 腹肌

三、简答题

1. 简述各家畜（猪、马、牛、羊）颈椎、胸椎、腰椎、荐椎和尾椎的数目？

2. 简述胸廓的组成和各家畜肋骨的数目？

3. 简述关节的基本构造。并说明前、后肢各关节的名称？

4. 简述牛的前肢和后肢从上而下依次有哪些骨骼组成？

四、问答题

1. 牛的全身骨骼分为哪几部分？并说明各部分由哪些骨组成？

2. 参与呼吸运动都有哪些肌肉？重点说明膈的形态、位置和构造？

3. 腹侧壁由外向内由哪些肌肉组成？其肌纤维走向如何？

任务（三）　全身骨骼的观察

【实验实训三　全身骨骼的观察】

班　级				指导教师		
时　间	年　月　日	周次		节次	实验（实训）时数	2
实验（实训）项目名称	实验实训三：全身骨骼的观察		实验（实训）项目类别		□课程实验　　□课程实习 □岗位综合实训□技能训练	
实验（实训）项目性质			□演示性　□验证性　□应用性　□设计性　□综合性			
实验（实训）组织	实验（实训）地点		同时实验（实训）人数/组数		每组人数	
	实验室					

【实践教学能力目标】

（1）认识长骨的一般构造。

（2）认识关节的一般构造。

（3）认识畜禽全身骨骼的组成；掌握前、后肢各关节的组成及脊柱、胸廓和骨盆的构造。

一、材料用具

新鲜长骨纵剖面标本；小牛（或羊或猪）的髋关节或膝关节标本；牛整体骨骼标本。

二、实验内容

（一）观察长骨的构造

取畜禽新鲜长骨纵剖面标本，对照教材上的插图，分别观察骨膜、骨质核骨髓的构造。

（二）观察关节的构造

取小牛（或羊或猪）的髋关节或膝关节，纵行切除半个关节囊，露出关节腔。再对照教材上的插图，观察关节的基本构造（关节面、关节囊、关节腔）。

（三）猪、牛整体骨骼的观察

用猪、牛整体骨骼标本，对照教材上的插图和挂图，按照头部骨骼、躯干骨骼、前肢骨骼和后肢骨骼的顺序进行观察。观察时，注意以下内容。

（1）全身各骨的名称、形态特点及位置关系。

（2）前、后肢各关节及脊柱、胸廓和骨盆的组成。

（3）对猪（图2-10）和牛的骨骼形态、数目进行比较。

三、教学组织

学生分两组，一组一小时；教师认真讲解操作规程，边讲解边演示；在学生基本清楚的情况下，教师可以进行分别指导。

【考核】

无

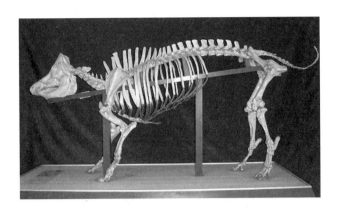

图 2 - 10　猪的全身骨骼形态和结构

【实践小结】

熟悉猪和牛的骨骼形态、数目，并进行比较。

【作业及思考】

绘牛的四肢骨骼图，并标出各骨及关节的名称。

能力单元三　被皮系统

任务（一）　皮　肤

【教学内容目标要求】

教学内容：（1）皮肤的构造。

　　　　　（2）皮肤的机能（补充内容）。

目标要求：（1）熟知皮肤的构造。

　　　　　（2）掌握皮肤的机能。

【主要能力点与知识点应达到的目标水平】

教学内容 题目	职业岗位知识点、能力点 与基本职业素质点	目标水平				
		识记	理解	熟练操作	应用	分析
皮肤	知识点：皮肤的构造	√				
	能力点：掌握并熟记皮肤的构造		√		√	
	职业素质渗透点：分清矛盾的主要方面与次要方面， 学习认识事物的方法					√

【教学组织及过程】

皮肤覆盖于动物体表，在天然孔（口裂、鼻孔、肛门和尿生殖道外口等）处与黏膜相接。皮肤一般可分为表皮、真皮和皮下组织3层。

一、皮肤的构造

在介绍的过程中，让学生掌握在注射技术中皮下注射和皮内注射的位置。

（一）表皮（图3-1）

由角化的复层扁平上皮构成，无血管和淋巴管，有丰富的神经末梢。

（1）角化层：皮肤的最表层，由大量的角化的扁平细胞构成。

（2）透明层：是无毛皮肤特有的一层。

（3）颗粒层：由1~5层梭形细胞构成，胞质含透明角质颗粒。

（4）生发层：由真皮相接，由数层形态不同的细胞构成。

（二）真皮（图3-2）

是皮肤最厚的一层，由致密结缔组织构成，含有大量的胶原纤维和弹性纤维，细胞

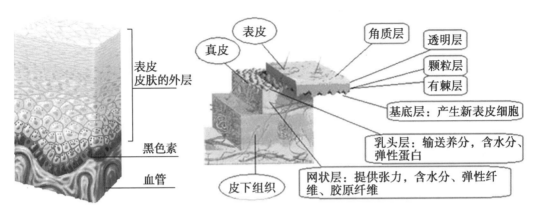

图 3-1　表皮的构造　　　　　　　　图 3-2　真皮的结构

成分少，由乳头层、网状层构成。

（1）乳头层：与表皮相接，向表皮伸入形成真皮乳头。

（2）网状层：位于乳头层深层，较厚，由致密结缔组织构成，细胞成分比乳头层少，粗大的胶原纤维束交织排列成网状。

（三）皮下组织（图 3-3 和图 3-4）

位于皮肤的最深层，由疏松结缔组织构成。营养良好的动物，皮下组织内含有大量的脂肪细胞，形成脂肪组织。皮肤借皮下组织与深部的肌肉或骨膜相连。

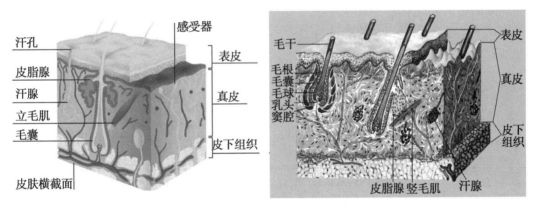

图 3-3　皮下组织结构　　　　　　　图 3-4　皮肤腺的形态

二、皮肤的机能

结合皮肤护理知识进行学习

（1）屏障功能：皮肤能保护机体免受各种外界损伤。能避免细菌等微生物的伤害，能阻止营养物质、电解质和水分的流失。

（2）感觉功能：皮肤内分布着许多神经，它控制着皮肤血管的收缩、扩展以及汗腺的分泌。皮肤还能发生多种神经反射，以保护机体不受伤害。

（3）调节体温功能：皮肤是机体调节体温的重要器官，它主要以辐射、对流、蒸发和传导 4 种方式工作。

（4）吸收功能：皮肤的吸收功能不仅对维护身体健康是不可或缺的，也是现代皮肤美容学中皮肤护理和保健以及皮肤病治疗的理论依据。

（5）分泌和排泄功能：主要通过汗腺和皮脂腺囊发挥这一重要功能的，皮肤的排泄作用有类似肾脏的部分排泄功能，皮脂腺能分泌皮脂，具有形成皮脂膜和润滑皮肤及毛发的作用。

【作业及思考】

1. 皮肤由（　　）三层结构构成。

A. 皮肤由表皮、真皮和皮下组织三层构成

B. 皮肤由表皮、皮肤衍生物和皮下组织三层构成

C. 皮肤由皮肤衍生物、真皮和皮下组织三层构成

D. 皮肤由表皮、真皮和皮肤衍生物三层构成

2. 真皮乳头层与网状层的构造有何不同？

任务（二）　皮肤衍生物

【教学内容目标要求】

教学内容：（1）毛。

　　　　　（2）皮肤腺。

　　　　　（3）蹄。

　　　　　（4）角。

目标要求：（1）基本概念：皮肤腺、毛干、毛根、毛球、毛乳头、蹄冠、皮肤衍生物、蹄白线。

　　　　　（2）熟知毛的构造。

　　　　　（3）掌握皮肤腺的分类。

　　　　　（4）蹄、角的构造。

【主要能力点与知识点应达到的目标水平】

教学内容题目	职业岗位知识点、能力点与基本职业素质点	目标水平				
		识记	理解	熟练操作	应用	分析
皮肤衍生物	知识点：皮肤衍生物的构造及功能	√				
	能力点：掌握并熟记皮肤衍生物的构造及功能	√		√		
	职业素质渗透点：分清矛盾的主要方面与次要方面，学习认识事物的方法					√

【教学组织及过程】

一、毛（图3-5a和图3-5b）

（1）分类。

（2）结构：结合挂图进行讲解。

结合养羊课程介绍羊毛的品质检查

图 3 - 5　毛的形态

二、皮肤腺

1. 汗腺

为单管状腺，分泌部位于真皮，导管长而扭曲，多开口于毛囊，少数直接开口于皮肤表面。

（1）机能：分泌汗液，起排泄废物和调节体温的作用。

（2）主要成分：水、盐、尿素、尿酸和氨等。

2. 皮脂腺

为分枝泡状腺，位于真皮内，毛囊和立毛肌之间。在有毛的部位，其导管开口于毛囊；在无毛部位，则直接开口于皮肤表面。

机能：分泌脂肪，有润滑皮肤和被毛的作用

3. 乳腺（图 3 - 6 和图 3 - 7）

（1）结构：由实质和间质构成。

（2）各种动物乳房的结构。

（3）泌乳。

> 介绍各种动物的乳房的形态，掌握乳房注射的部位，以及正常乳的性质。

图 3 - 6　乳牛的乳房

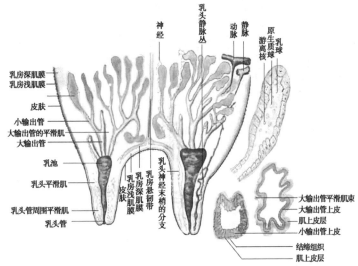

图 3 - 7　乳腺的构造

三、蹄（图 3-8a、图 3-8b 和图 3-8c）和蹄的结构（图 3-9a 和图 3-9b）

（1）单蹄：马属动物（马、驴、骡）。

$\begin{cases} 蹄匣：蹄壁、蹄底、蹄叉。 \\ 肉蹄：肉壁、肉底、肉叉。 \end{cases}$

（2）偶蹄：偶蹄动物（牛、羊、猪）。

主蹄：$\begin{cases} 蹄匣：蹄壁、蹄底、蹄叉。 \\ 肉蹄：肉壁、肉底、肉叉。 \end{cases}$

悬蹄：小，呈圆锥形。

> 介绍蹄的基本结构，以及如何修蹄、钉蹄。

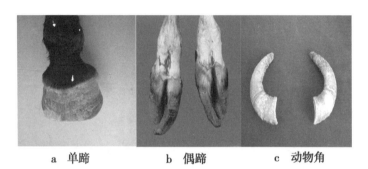

a 单蹄   b 偶蹄   c 动物角

图 3-8 蹄、角的外形

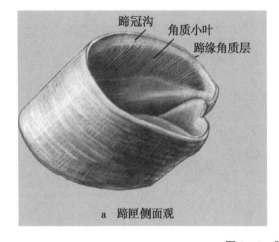

a 蹄匣侧面观

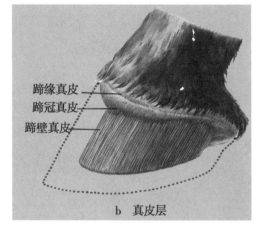

b 真皮层

图 3-9 蹄的结构

四、角（简要介绍）

角是某些哺乳动物头上生的突起物，具有防御和攻击作用，一般将"角"根据其结构和起源不同，主要分为 3 种。

（1）空角：反刍动物具有的角，中间有骨质的角柱，外部是皮肤变异，由角蛋白构成的角鞘包围，例如牛或羊的角。

（2）实角：由骨质角柱和外部包围的皮肤组成，皮肤上长有茸毛，皮肤脱落会露出角柱，如鹿角，会脱换新角。但长颈鹿的皮肤不会脱落。

（3）纤维角：如犀牛的角，是由角质纤维凝合而成，没有角柱，终生也不会脱换。

反刍动物的角是皮肤的衍生物，套在额骨的角突上。角的表面有呈环状的隆起，称角轮。母牛角轮的出现与怀孕有关，每一次产犊之后，角根就出现新的角轮。水牛和羊的角轮明显，几乎遍及全角。

五、知识要点

皮肤的衍生物，包括发、毛（图 3-10）、鳞、羽、甲、蹄、角、爪、丝、皮脂腺和汗腺等，它们之所以叫"皮肤的衍生物"，就是由皮肤演化而来的。

图 3-10　毛流的特点和外形特征

【作业及思考】

一、名词解释

1. 毛囊

2. 毛乳头

3. 乳池

4. 皮肤衍生物、蹄白线

二、单选题

1. 相当于皮肤表皮的蹄结构是（　　）

A. 蹄匣　　　B. 肉蹄　　　C. 皮下组织　　　D. 肉缘

2. 相当于皮肤真皮的蹄结构是（　　）

A. 肉缘　　　B. 蹄匣　　　C. 皮下组织　　　D. 蹄缘

三、判断题

1. 蹄的角质部相当于皮肤的表皮，形成蹄匣。（　　）

2. 蹄的肉蹄相当于皮肤的表皮。（　　）

四、填空题

1. 皮肤的结构包括_____、_____和_____构成。

2. 家畜的皮肤腺包括乳腺、_____和_____。

3. 蹄的结构中无知觉部是_____，有知觉部是_____。

4. 蹄的角质部相当于皮肤的_____，肉蹄部相当于皮肤的_____。

五、简答题

1. 试述牛乳房的结构和形态特点？

2. 试述皮肤的一般结构特点？

能力单元四　内脏概述

【教学内容目标要求】

教学内容：（1）内脏概述。

　　　　　（2）内脏的解剖构造（部分内容）。

目标要求：（1）了解内脏的组成和功能。

　　　　　（2）掌握各部内脏器官的结构特点。

　　　　　（3）了解腹腔和骨盆腔。

　　　　　（4）掌握腹腔分区。

【主要能力点与知识点应达到的目标水平】

教学内容题目	职业岗位知识点、能力点与基本职业素质点	目标水平				
		识记	理解	熟练操作	应用	分析
内脏概述	知识点：内脏的基本概念	√				
	能力点：掌握并熟记内脏器官		√			
	职业素质渗透点：学习内脏概述，感知内脏器官的特点					√

【教学组织及过程】

学识内容

一、内脏的概念

内脏大部分位于体腔内（图4-1），是直接或间接与外界相通，参与动物体新陈代谢，维持生命正常活动和繁殖后代、延续种族的各种器官的总称，包括消化、呼吸、泌尿和生殖器官。广义的内脏还包括体腔内的其他一些器官，如心脏、脾和内分泌腺等。结合挂图讲解各部形态结构及功能特点。

二、腹腔与骨盆腔

1. 腹腔

（1）概念。

（2）腹腔分区（画图讲解腹腔的10个部

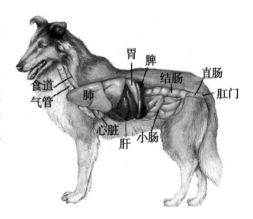

图4-1　狗内脏各器官分布

分）。

2. 骨盆腔

结合前面所讲的知识，加深理解。

3. 腹膜及消化管道（图4-2）

分别介绍腹膜及消化管道、腹膜腔、系膜、网膜和韧带的概念。

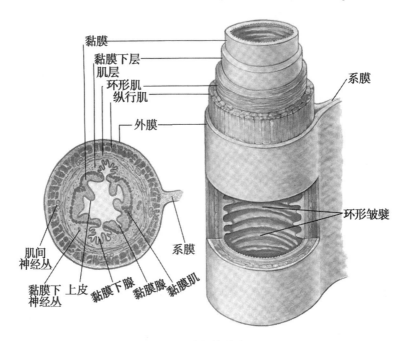

黏膜
黏膜下层
肌层
环形肌
纵行肌
外膜
系膜
环形皱襞
肌间神经丛
黏膜下神经丛
上皮
黏膜下腺
黏膜腺
黏膜肌
系膜

图4-2　消化管道的结构

三、腹腔分区（画图讲解腹腔的10个部分）

为了准确地表明各器官的位置，将腹腔划分为10个部分。具体划分方法如下（图4-3）。

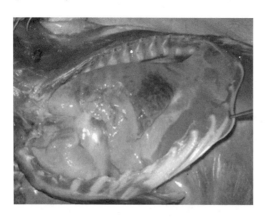

图4-3　腹腔器官

（1）划分为：腹前部、腹中部和腹后部。

（2）划分为：上部称季肋部，下部称剑状软骨部；上部又以正中矢面为界分为左、右季肋部。

（3）划分为：左、右髂部和中间部及脐部。

（4）划分为：左、右腹股沟部、中间的耻骨部。

四、知识要点

（1）广义的内脏是指身体内部的器官。狭义的内脏是指绝大部分位于体腔（胸腔、

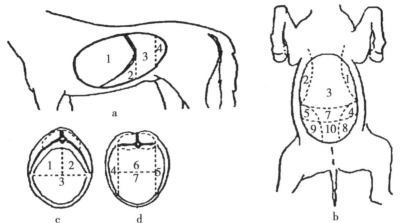

a. 侧面：1、2. 腹前部；（1.季肋部；2.剑状软骨部）；3.腹中部；4.腹后部

b. 腹面：1. 左季肋部；2. 右季肋部；3. 剑状软骨部；4. 左髂部；
5. 右髂部；7. 脐部；8. 左腹股沟部；9. 右腹股沟部；10. 耻骨部

c. 腹前部横断面：1. 左季肋部；2. 右季肋部；3. 剑状软骨部

d. 腹中部横断面：4. 左髂部；5. 右髂部；6. 腰部；7. 脐部

图 4-4　腹腔各部分的划分

腹腔和骨盆腔）内的器官，一般包括消化系统、呼吸系统、循环系统、泌尿系统、生殖系统。

（2）内脏按形态结构可分为管状器官和实质性器官。管状器官管壁一般由黏膜、黏膜下组织、肌层和外膜（或浆膜）组成，其中，肌层主要由平滑肌构成，分为内环层和外纵层。实质性器官，没有内部空间的一类器官，它们内部有实质的结构。如肝脏（动物体最大的实质性器官）等。

（3）体腔分为胸腔、腹腔和骨盆腔。

（4）浆膜：衬于体腔壁和转折包于内脏器官表面的薄膜。胸膜：衬贴在胸腔的浆膜。腹膜：衬贴在腹腔和骨盆腔内的浆膜。浆膜壁层：浆膜贴于体腔壁表面的部分。浆膜脏层：壁层从腔壁移行转折而覆盖于内脏器官表面。浆膜腔：浆膜壁层和脏层之间的间隙。胸膜腔：胸膜壁层和脏层之间的间隙。腹膜腔：腹膜壁层和脏层之间的间隙。

（5）腹腔分为腹前部，剑状软骨部（肋弓以下），左、右季肋部（肋弓以上）。

【作业及思考】

一、名词解释

1. 腹腔

2. 胸腔

二、填空题

1. 内脏包括_____、_____、_____、_____、_____系统。

2. 主要的内脏有：

消化系统的____、____、____、____。（胃、肠、肝、胆）

呼吸系统的_____。（肺）

循环系统的____、____。（心脏、脾）

泌尿系统的____、____。（肾脏、膀胱）

生殖系统的____、____。（卵巢、子宫）

三、多选题

1. 体腔有（　　　　）

A. 胸腔、腹腔、骨盆腔　　　B. 胸腔、腹腔、颅腔

C. 颅腔、骨盆腔、腹腔　　　D. 胸腔、颅腔、骨盆腔

2. 消化管壁一般分为（　　　　）

A. 黏膜层　　　B. 黏膜下层　　　C. 肌层　　　D. 浆膜层

四、简答题

1. 腹腔是如何划分的?

2. 牛、猪的腹腔构造各有何特点?

能力单元五　消化系统

任务（一）　消化器官

【教学内容目标要求】

教学内容：（1）消化系统概述。

　　　　　（2）消化器官的解剖构造（部分内容）。

目标要求：（1）了解消化系统的组成和功能；掌握各部消化管的结构特点。

　　　　　（2）了解单室胃、多室胃的消化特点。

　　　　　（3）熟知肝的组织结构、大肠的形态与分段。

　　　　　（4）掌握肝脏的生理作用。

　　　　　（5）掌握胰脏的组织结构和生理功能。

【主要能力点与知识点应达到的目标水平】

教学内容题目	职业岗位知识点、能力点与基本职业素质点	目标水平				
		识记	理解	熟练操作	应用	分析
消化器官	知识点：消化系统的基本概念	√				
	能力点：掌握并熟记消化系统的基本概念		√			
	职业素质渗透点：学习物质消化、吸收过程，感知物质运动变化的特点					√

【教学组织及过程】

一、消化管的一般构造

结合挂图讲解各部形态结构及功能特点。

二、消化、吸收的概念

动物把摄自外界的物质在消化管内转变为结构相对简单，能被机体吸收的物质的过程称为消化；而被分解消化了的物质透过消化管黏膜上皮进入血液、淋巴，参与机体新陈代谢的过程称为吸收。

机体内完成消化和吸收的器官。消化腺又分为壁内腺和壁外腺。如唾液腺、肝脏、胰脏等。它们的分泌物可经特定的排泄管排入消化管内，参与消化过程。

提示：主要包括口腔、咽、食管、胃、小肠、大肠、肛门；另有消化腺。

三、消化器官的解剖构造

简要介绍壁内腺和壁外腺的概念。

（一）口腔（图5-1a和图5-1b）

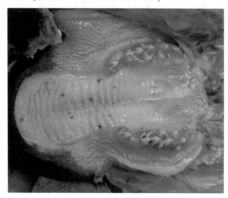

a. 口腔内部　　　　　　　**b. 牛口腔外形**

图5-1　口腔的构造

1. 唇（举例说明牛、羊、猪唇的特点）

2. 颊（简单介绍各种动物的生理特点）

3. 硬腭和软腭

（1）硬腭。

（2）软腭。

4. 舌

（1）构造：由舌骨、舌肌和舌黏膜构成。舌可分为舌尖、舌体和舌根3部分。

（2）马、牛的特点：马舌较长，舌尖扁平，舌体较大；猪的舌乳头与马的相似。牛舌舌尖灵活，是采食的主要器官，舌根和舌体较宽厚，舌背后部有一椭圆形隆起，称为舌圆枕。

5. 齿（重点介绍功能，和对生产的意义）。

（1）齿的种类：结合实际讲解。

（2）齿式：介绍乳齿式和恒齿式。

（3）齿的结构：举例说明，并引入齿保健知识，说明牛、马齿的特点。

介绍通过看动物的牙齿，可以判定动物（如牛、羊）的年龄（要求学生自主学习并掌握）。

6. 齿龈

7. 唾液腺

（1）腮腺
（2）颌下腺｝分别说明其位置结构及其分泌物特点。
（3）舌下腺

（二）食管（结合挂图讲解每段的走向）

（三）胃

介绍胃的体表投影，让学生能够在体表上找到胃（尤其是复胃动物），为今后课程的学习打下基础。

1. 多室胃（图 5 - 2）

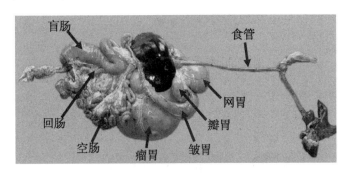

图 5 - 2 多室胃构造

（1）瘤胃
（2）网胃
（3）瓣胃   结合挂图和实际分别讲解各胃的形态位置和结构特点。
（4）皱胃

介绍胃管投药技术及主要注意事项。

2. 单室胃

（1）猪胃。

（2）马胃。

（3）单室胃的组织构造。

（四）肠

1. 牛肠
2. 猪肠   说明牛、猪、马小肠的形态结构特点及其走向及各段大肠的特点
3. 马肠

4. 肠的组织构造

（讲解时结合消化管的一般构造进行，重点介绍小肠的特点，例如：肠绒毛、纹状缘等）。

（五）肝

（1）肝的形态（图 5 - 3）。

（2）牛、猪、羊、马的肝的形态位置特点。

（3）肝的组织结构————掌握正常肝脏的组织结构，为病理学的学习打下基础。

（4）肝的生理功能。

（六）胰（图 5 - 4）

（1）牛、猪、羊、马的胰的形态位置特点。

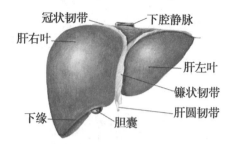

图 5 - 3　肝（前面观）的组织结构

（2）胰的组织结构（图 5 - 4）。

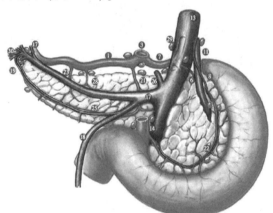

1.脾动脉;2.胃十二指肠动脉;3.腹腔动脉;4.胃网膜右动脉;5.胃左动脉;6.胰十二指肠后上动脉;7.肝总动脉;8.胰十二指肠后上静脉;9.肝固有动脉;10.胰十二指肠前上动、静脉;11.胆总管;12.胰十二指肠前下动、静脉;13.门静脉;14.肠系膜上动、静脉;15.下腔静脉;16.中结肠动、静脉;17.脾静脉;18.肠系膜下静脉;19.胰尾动、静脉;20.胰十二指肠前淋巴结;21.胰背侧动脉;22.胰十二指肠后淋巴结;23.胰大动脉;24.肠系膜上淋巴结;25.胰横动、静脉;26.胃左（冠状）静脉;27.幽门淋巴结;28.脾胰淋巴结;29.肝淋巴结;30.脾门淋巴结;31.腹腔淋巴结

图 5 - 4　胰的组织结构

四、猪的消化系统构造（图 5 - 5）

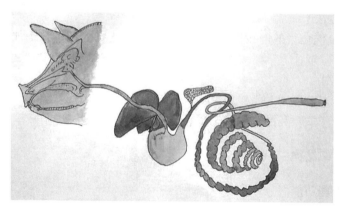

图 5 - 5　猪的消化系统构造

五、知识链接

（1）消化是将食物分解为可吸收的简单物质的过程。吸收为简单的营养物质通过消化管壁进入血液和淋巴的过程。

（2）消化系统包括消化管和消化腺。消化管包括口腔、咽、食管、小肠、大肠、肛门。消化腺包括壁内腺（如胃腺、肠腺）和壁外腺（如唾液腺、肝、胰）。

（3）口腔分为口腔前庭和固有口腔。

（4）口腔由唇、颊、硬腭、软腭、口腔底、舌、齿和齿龈、唾液腺。鼻唇镜为上唇中部与两鼻孔之间的无毛区。

（5）舌位于口腔底，主要由骨骼肌构成，分为舌根、舌体、舌尖。舌圆枕：舌体的背后部的椭圆形隆起。舌表面乳头分类：丝状乳头（舌背黏膜前部）、锥状乳头（舌圆枕）、豆状乳头（舌圆枕）、菌状乳头（舌尖和舌侧缘）、轮廓乳头（舌圆枕两旁）。

（6）齿分为切齿、犬齿和臼齿。牛羊无上切齿和犬齿。牛的恒齿式为32，牛的乳齿式为20，齿的构造包括齿冠、齿颈、齿根。

（7）胃分为单室胃和多室胃（反刍胃）。多室胃分为前胃（瘤胃、网胃、瓣胃）和皱胃（真胃）。前胃黏膜不具腺体，真胃黏膜具有腺体。

（8）瘤胃最大，80%，呈前后稍长，左右略扁的椭圆形大囊。前端至膈，后端达盆腔前口。左侧面为壁面，与脾、膈及腹壁相接触；右侧面为脏面，与瓣胃、皱胃、肠、肝及胰相接触。背侧借腹膜和结缔组织附着于膈脚和腰肌的腹侧；腹侧隔着大网膜与腹腔底壁相接。瘤胃壁：由黏膜、黏膜下组织、肌层和浆膜构成。黏膜表面被覆复层扁平上皮，角化层发达，黏膜表面形成无数圆锥状或叶状的瘤胃乳头，长的达1厘米，使之表面粗糙异常。

（9）网胃最小，约5%，外形略呈梨形，前后稍偏，位于季肋部正中、瘤胃房的前方，约与第6～8肋间隙相对。网胃的膈面凸与膈、肝相接，脏面平与瘤胃房相邻。上端有瘤网胃口与瘤胃背囊相通，在瘤网胃口的右下方有网瓣胃口与瓣胃相通。由于网胃前面与膈紧贴，当牛吞食尖锐异物留于网胃时，常因网胃收缩而穿过胃壁和膈引起创伤性心包炎。网胃壁：网胃黏膜上皮角化层发达，呈深褐色。黏膜形成一些隆起褶皱，称网胃嵴，内含肌组织，由黏膜肌层延伸而来。网胃嵴常形成多边形小室，形似蜂房状，称网胃房。小室的底还有许多较低的次级嵴。

（10）瓣胃呈两侧稍扁的球形，位于右季肋部，在网胃和瘤胃交界的右侧，约与第7～11肋间隙下半部相对。凸缘为瓣胃弯朝向右后上方；凹缘为短的瓣胃底朝向相反方向。瓣胃以较细的瓣胃颈与网胃相连接；以较大的瓣皱胃沟与皱胃为界。瓣胃的壁面（右面）斜向右前方，隔着小网膜与膈、肝和胆囊相接；脏面（左面）与瘤胃、网胃和皱胃相贴。瓣胃壁：黏膜形成百余片互相平行的皱褶，称瓣胃叶（百叶）。

（11）皱胃：呈一端粗一端细的弯曲长囊，位于右季肋部和剑状软骨部。在网胃和瘤胃腹囊的右侧、瓣胃腹侧和后方，大部分与腹腔底壁紧贴，约与第8～12肋骨相对。皱胃前端粗大称胃底，与瓣胃相连；后端狭窄，称幽门部，与十二指肠相接；中间为胃体。皱胃壁：由黏膜、黏膜下组织、肌层和浆膜构成。皱胃黏膜光滑、柔软，为腺黏膜。胃底和大部胃体的黏膜形成12～14片与胃纵轴斜行的大皱褶，称皱胃旋褶，向后逐渐变低。有3个腺区：贲门腺区、胃底腺区、幽门区。

【作业及思考】

一、名词解释

1. 齿板

2. 口腔前庭

3. 鼻唇镜

二、单选题

1. 牛胃中，起化学消化作用的胃是（　　）

A. 瘤胃　　B. 网胃　　C. 瓣胃　　　　D. 皱胃

2. 成年牛胃中，体积最大的胃是（　　）

A. 瘤胃　　B. 网胃　　C. 瓣胃　　D. 皱胃

3. 猪的胆囊位于肝的（　　）

A. 左内叶　　B. 左外叶　　C. 右内叶　　D. 右外叶

4. 食管的起始部位于（　　）

A. 气管的腹侧　　B. 气管的左侧　　C. 气管的右侧　　D. 气管的背侧

5. 牛的结肠在腹腔内形成（　　）

A. 直管状　　　B. V形弯曲　　C. 螺旋状　　　D. 圆盘状

6. 牛羊终生都不具有的齿是（　　）

A. 下切齿　　　B. 犬齿　　　　C. 前白齿　　　　D. 后白齿

7. 大部分位于牛羊腹腔左半边的器官是（　　）

A. 肝　　　B. 瘤胃　　　　C. 瓣胃　　　　D. 小肠

8. 牛胃黏膜形成瓣叶的胃是（　　）

A. 瘤胃　　　B. 网胃　　　C. 瓣胃　　　　D. 皱胃

三、多选题

1. 下列器官中属于消化器官的是（　　　　）

A. 肺　　B. 胃　　C. 肾　　D 肠

2. 家畜口腔器官内成对的大唾液腺有（　　　　　）

A. 唇腺　　B. 腮腺　　C. 颌下腺　　　D. 舌下腺　　　E. 腭腺

3. 成年牛羊具有的齿是（　　　　）

A　上切齿　　　B　下切齿　　　C　犬齿　　　D　前白齿　　　E　后白齿

4. 猪的肝脏可分为（　　　）

A. 左内叶　　B. 左外叶　　　C. 右内叶　　　D. 右外叶　　　E. 方叶

5. 牛的肝脏可分为（　　　）

A. 左叶　　B. 尾叶　　　C. 右叶　　　D. 副叶　　　E. 方叶

6. 牛的瘤胃具有的结构有（　　　　）

A. 背囊　　B. 腹囊　　　C. 左纵沟　　　D. 右纵沟　　　E. 贲门

7. 消化管壁一般分为（　　　　）

A. 黏膜层　　　B. 黏膜下层　　　C. 肌层　　　D. 浆膜层

8. 位于牛羊下颌骨后缘的腺体是（　　　　）

A. 舌下腺　　　B. 下颌腺　　　C. 腮腺　　　　D. 胰腺

9. 肝脏分叶不明显的家畜是（　　　　）

A. 牛　　　B. 马　　　C. 猪　　　　D. 羊

四、填空题：

1. 猪的消化腺包括_____、_____、_____、_____和_____。

2. 牛、羊的胃中从_____到_____经网胃壁的一条沟称食管沟。

3. 家畜的结肠在腹腔内形成不同的形状，如牛羊结肠形成_____形，猪结肠形成_____形，马结肠形成_____形。

4. 位于牛羊腹腔右半边的胃有_____和_____。

5. 家畜的牙齿按照其出现时期的不同可分为_____和_____。

6. 牛、羊胃属_____室胃，有_____、_____、_____和_____四个胃。

7. 肝脏和胰脏的分泌物通过_____管和_____管，输入十二指肠。

五、判断题

1. 消化管包括口腔、咽、喉、食管、胃、小肠、大肠等。（　　）

2. 猪胃属于单胃，胃黏膜可分为贲门腺区、胃底腺区和幽门腺区。（　　）

3. 牛共有 4 个胃，前 3 个胃是没有消化腺分布的，又称前胃。（　　）

4. 位于牛羊腹腔右半边的胃有瓣胃和皱胃。（　　）

5. 家畜的牙齿按照其出现时期的不同可分为乳齿和永久齿。（　　）

六、简答题

1. 简述牛消化系统的组成构造？

2. 简述猪的消化系统的组成构造？

3. 简述牛各胃的位置和形态结构？

4. 根据你所学过的解剖学消化系统知识，请你描述一下，牛口腔采食食物后，食物经过哪些消化器官的消化吸收后，形成粪便通过肛门排出体外。（试述猪和马）

任务（二）　消化器官的形态和结构

【实验实训四　消化器官的观察】

班　级				指导教师			
时　间	年　月　日	周次		节次		实验（实训）时数	2
实验（实训）项目名称	实验实训四（1）：消化器官的观察			实验（实训）项目类别		□课程实验　　□课程实习 □岗位综合实训　□技能训练	
实验（实训）项目性质		□演示性　□验证性　□应用性　□设计性　□综合性					
实验（实训）组织	实验（实训）地点	同时实验（实训）人数/组数			每组人数		
	实验室						

【实践教学能力目标】

准确识别单室胃动物和多室胃动物个消化器官的形态、结构。

一、目的要求

准确识别单室胃动物和多室胃动物个消化器官的形态、结构。

二、材料用具

牛（羊）消化系统浸泡标本（图 5 – 6a 和图 5 – 6b）。

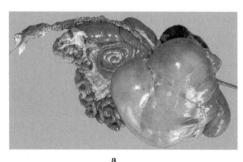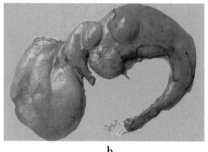

a　　　　　　　　　　　　　　　　　b

图 5 – 6　牛（羊）消化系统浸泡标本

三、实验内容

（一）结合标本识别各消化器官的形态、结构、名称。

重点观察单室胃和多室胃的区别。

单室胃分为无腺部、贲门腺区、胃底腺区和幽门腺区；贲门附近有胃憩室。

多室胃中瘤胃最大。仔细分辨瘤、网、瓣、皱 4 个胃的形态、结构，找出前沟、后沟、左、右纵沟，切开瘤胃辨识相应的肉柱、瘤胃岛、瘤胃房、后背盲囊、后腹盲囊、瘤网胃口、食管沟、网瓣胃口、网胃形成的皱褶，继续切开瓣胃、皱胃，辨识各级瓣叶、瓣胃沟及皱胃黏膜皱褶和黏膜分区。

四、教学组织

学生分两组，一组一小时；教师认真讲解操作规程，边讲解边演示；在学生基本清楚的情况下，教师可以进行分别指导。

【考核】

无

【实践小结】

熟悉牛（羊）消化系统形态和构造。

【作业及思考】

1. 在牛（羊）的胃、肠和肝的模式图上分别注明各部构造名称。

2. 肝的组织学构造观察（选做）

班　　级				指导教师		
时　　间	年　月　日		周次	节次	实验（实训）时数	2
实验（实训）项目名称	实验实训四（2）：肝的组织学构造观察（选做）			实验（实训）项目类别	□课程实验　　　□课程实习 □岗位综合实训　□技能训练	
实验（实训）项目性质		□演示性　□验证性　□应用性　□设计性　□综合性				
实验（实训）组织	实验（实训）地点		同时实验（实训）人数/组数		每组人数	
	实验室					

【实践教学能力目标】

认识小肠和肝的组织学构造。

一、目的要求

认识小肠和肝的组织学构造。

二、材料用具

显微镜；小肠、肝、胰、胃的组织切片。

三、实验内容

（一）示教胃和胰的组织学构造。

（1）由老师绘出高倍镜下可见到的胃小凹，胃底腺的壁细胞（红色）及主细胞（兰色）；胰脏的胰腺腺泡和胰岛。

（2）指导学生观察。

（二）空肠的组织构造

（1）先用低倍镜观察肠壁的黏膜层、黏膜下层、肌层、浆膜层4层形态结构。

（2）换高倍镜依次观察肠绒毛、绒毛表层的单层柱状上皮，上皮之间的杯状细胞及绒毛毛细血管和中央乳窦管。

上皮下陷入结缔组织为基础的固有膜，膜内有腺体和孤立淋巴结，并注意黏膜肌层。

黏膜（图5-7）下层的疏松结缔组织中有丰富的毛细血管、淋巴管和神经丛。

肌层（图5-8）：内环，外纵两层的平滑肌。

（三）肝脏的组织构造（图5-9和图5-10）

（1）用低倍镜观察肝的组织切片，找到横切的肝小叶。

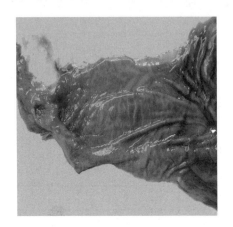

图 5 - 7 胃黏膜

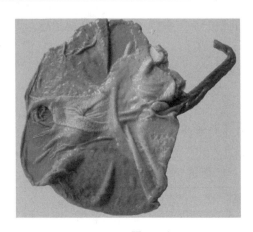

图 5 - 8 胃肌组织

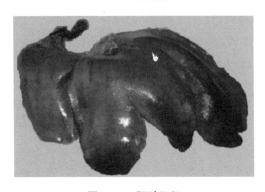

图 5 - 9 肝脏组织

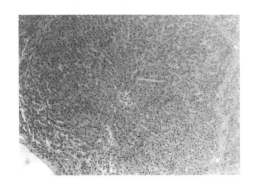

图 5 - 10 肝脏切片

（2）换高倍镜观察肝小叶，注意以中央静脉为中心向周围成放射状排列的肝细胞索以及细胞索中的窦状隙。细胞索的细胞多为多角形，细胞核圆形、染色较淡、胞质丰富。在小叶边缘的结缔组织中找到小叶间静脉、小叶间动脉和小叶间胆管。三者同在的部位称汇管区。

四、教学组织

学生分两组，一组一小时；教师认真讲解操作规程，边讲解边演示；在学生基本清楚的情况下，教师可以进行分别指导。

【考核】

无

【实践小结】

熟悉牛（羊）胃、肝脏系统形态和构造。

【作业及思考】

绘出低倍镜下肝的一般构造图。

任务（三）　消化生理

【教学内容目标要求】

教学内容：（1）消化吸收的基本知识。

（2）口腔、单胃、复胃、小肠、大肠的消化。

（3）嗉囊、肌胃和腺胃的消化。

目标要求：（1）掌握消化吸收的基本概念；掌握吸收的过程。

（2）掌握单胃和复胃、小肠、大肠的消化特点。

（3）了解口腔、嗉囊、肌胃和腺胃的消化特点。

【主要能力点与知识点应达到的目标水平】

教学内容题目	职业岗位知识点、能力点与基本职业素质点	目标水平				
		识记	理解	熟练操作	应用	分析
消化生理	知识点：单胃和复胃的消化特点；小肠吸收的过程	√				
	能力点：掌握并熟记单胃和复胃、小肠、大肠的消化特点		√	√		
	职业素质渗透点：强化饮食卫生习惯					√

【教学组织及过程】

学识内容

一、概述

（一）消化的概念

1. 机械性消化

2. 化学性消化 ｝（结合初中化学知识学习）

3. 生物学消化

（二）消化管平滑肌的特性

（三）消化腺的分泌

（四）胃肠的神经支配

二、口腔内的消化

（一）采食和饮水

（二）咀嚼

（三）吞咽

（四）唾液及其作用

1. 唾液的性状与组成

2. 唾液的作用

3. 不同动物唾液分泌的特点

三、单胃的消化

（一）胃的化学性消化

1. 胃液的性质、成分 } 重点介绍饲料对胃液分泌的影响。
2. 胃液的作用 } 简要介绍胃液的组成成分及其生理功能。

（二）胃的运动

四、复胃消化

（一）瘤胃和网胃的消化

1. 瘤胃内微生物及其生存条件
（介绍为什么在饲喂时不用添加 B 族维生素）
2. 瘤胃内的消化代谢过程
3. 产生气体
4. 前胃运动及其调节 } （详细理解）
5. 反刍
6. 嗳气
7. 食管沟作用

（二）瓣胃的消化

（三）皱胃的消化

介绍胃的消化生理知识，使学生明白可在饲料添加一些非蛋白的物质在体内转变为蛋白物质

五、家禽嗉囊、腺胃和肌胃的消化（简单理解）（图 5 - 11）

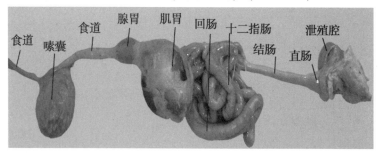

图 5 - 11　家禽嗉囊、腺胃和肌胃构造

六、小肠内消化

（一）胰液的消化作用
（二）胆汁的消化作用
（三）小肠液的消化作用
（四）小肠的运动
1. 小肠的运动形式
2. 小肠运动的调节
3. 回盲括约肌的机能
} 对比理解，使学生明白食物进入体内是如何变成小分子物质的，同时让学生了解正常的小肠蠕动音

七、大肠内消化

（一）大肠液的作用
（二）大肠内微生物的作用

1. 草食动物大肠内的消化
2. 杂食动物大肠内的消化
3. 肉食动物大肠内的消化
4. 禽大肠内消化

（对比理解）

（三）大肠的运动（图5－12）

（四）粪便的形成和排粪

图5－12　胃肠道结构

八、吸收

（一）吸收过程概述

使学生明白物质在体内是如何进行吸收的，掌握不同的物质是如何吸收的。

（二）各种主要营养物质的吸收

1. 水分的吸收
2. 无机盐的吸收
3. 糖的吸收
4. 挥发性脂肪酸的吸收
5. 蛋白质的吸收
6. 脂肪的吸收
7. 胆固醇和磷脂的吸收
8. 维生素的吸收

（结合各种物质的吸收对比学习）

【小结】

任务	知识点	需掌握的内容
概述	消化和吸收的概念	动物把自然界具有复杂结构的物质在消化管内转变为结构简单且能被机体吸收的物质的过程就称为消化；而物质透过消化管黏膜上皮进入血液和淋巴的过程称为吸收。
	消化系统的组成	消化系统包括两部分：一部分为容纳器官，多呈管腔状，称为消化管。主要包括口腔、咽、食管、胃、小肠、大肠；另一部分为能分泌消化液的腺体器官，称为消化腺。消化腺又分为壁内腺和壁外腺。
	消化管的结构	消化管由内向外分为：黏膜、黏膜下层、肌层、外膜。

（续表）

任务	知识点	需掌握的内容
消化器官	口腔	①口腔为消化器官的起始部，具有采食、咀嚼、辨味、吞咽和分泌消化液等功能。②唾液腺指能分泌唾液的腺体。主要有腮腺、颌下腺和舌下腺三对。
	咽	咽位于口腔、鼻腔的后方，喉和食管的前上方，是消化和呼吸的共同通道。
	食管	食管是将食管由咽运送入胃的一肌质管道。分为颈、胸两段。
	胃	①胃位于腹腔内，是消化管的膨大部分，前接食管处形成贲门，后形成幽门通十二指肠。可分为多室胃（牛、羊）和单室胃（猪、马）。②牛、羊的胃是由瘤胃、网胃、瓣胃、皱胃四个胃室联合起来形成的，故称多室胃（复胃）。前三胃称前胃，主要起贮存食物，发酵分解纤维素的作用；第四胃称皱胃（真胃），主要起化学消化的作用。
	小肠	小肠是食物进行消化吸收的最主要部位，包括十二指肠、空肠、回肠三段。小肠肠壁的黏膜层具有肠绒毛。
	肝和胰	①肝是体内最大的腺体，棕红色、质脆、呈不规则的扁圆形，位于膈后。前面隆凸称为膈面，有后腔静脉通过；后面凹陷，称为脏面，中央有肝门。②胰位于十二指肠的弯曲中，质地柔软。胰的实质可分为外分泌部和内分泌部。外分泌部属消化腺，可分泌消化酶。内分泌部由大小不等的细胞群组成，形似小岛，故名胰岛。分泌物有胰岛素（降低血糖）和胰高血糖素（升高血糖）。
	大肠和肛门	大肠包括盲肠、结肠和直肠三段。主要功能是消化纤维素，吸收水分，形成的排出粪便等。由肛门排出体外。
消化和吸收	消化方式	消化器官的消化方式分为物理性消化、化学性消化、微生物学消化。
	消化道各部分的消化特点	①单室胃主要进行物理性消化和化学性消化过程。 ②多室胃的消化与单室胃相比较，主要的区别在前胃。瘤胃是反刍动物进行生物学消化的主要部位。网胃相当于一个"中转站"。瓣胃相当于一个"滤器"。皱胃（真胃）主要完成化学消化，基本过程与单胃相似。 ③食管沟起自贲门，止于网瓣口，与瓣胃沟相连。犊牛和羔羊在吸吮乳汁或饮料时，能反射性地引起食管沟唇闭合成管状，使乳汁或饮料由食管沟→瓣胃沟→皱胃。 ④反刍动物采食时，往往不经充分咀嚼即匆匆吞咽。饲料进入瘤胃后经浸泡和软化，在休息时又把饲料逆呕回口腔进行仔细咀嚼、混合唾液再行咽下，这一过程称反刍。 ⑤嗳气是由于瘤胃内微生物的强烈发酵，不断产生大量的气体。一部分被吸收入血经肺排出；另一部分被瘤胃微生物利用，剩余的气体则通过食管排出。这一过程称为嗳气。 ⑥小肠的消化在整个消化过程中占有极其重要的地位。小肠内的化学性消化主要包括胰液、胆汁和小肠液的作用和小肠的运动。小肠运动的基本形式为节律性分节运动、钟摆运动、蠕动和逆蠕动。
	吸收	①小肠是吸收的主要部位。 ②营养物质的吸收机理可分被动性转运和主动性转运两种。

九、知识链接

（1）小肠前端起于皱胃幽门，后端止于盲肠，分为十二指肠、空肠和回肠。十二指肠：长约1米，行程可分为3段，前部、降部和升部。空肠：长约23～33.5米，形成许多肠祥，由短的空肠系膜悬挂于结肠盘的周缘，形似花环状。回肠：小肠末端，较短而直。长约0.5米。以呈长三角形的回盲褶或回盲韧带与直肠相连接。小肠壁由黏膜、黏膜下组织、肌层和浆膜构成。黏膜形成环形褶和肠绒毛，以增加与食物的接触面积。

（2）肝：牛体内最大的腺体，可由胆囊和圆韧带切迹将分为右、中、左三叶。肝比较：牛（羊）肝：扁而厚，略呈长方形，质坚实而脆，略有弹性。具有梨状胆囊。位于右季肋部，膈后方。马肝：外形分叶较明显，呈厚板状，没有胆囊。大部分位于右季肋部，小部分位于左季肋部猪肝：比牛马的重，红褐色，中央部分厚，边缘薄，位于胸腔最前部，大部分位于右季肋部，小部分位于左季肋部和甲状软骨部。有胆囊。狗肝：发达，分叶多而明显，位于季肋部，有胆囊。兔肝：全身最大腺体，位于腹前部，分六叶。有胆囊。

（3）胰：有外分泌部和内分泌部（胰岛）。胰为不正的四边形，可分为胰体、左叶和右叶。

（4）大肠表面平滑而无肠带和肠袋。分为盲肠、结肠和直肠。盲肠：呈圆筒状盲管，盲端钝圆而游离。长约0.75米，从右侧最后肋骨下端稍后起于回肠口，自回肠口向前，直接转为结肠。结肠：最长的一段，大部分在总肠系膜二层之间形成双祥状椭圆形环状弯曲。分为升结肠、横结肠和降结肠。升结肠分为近祥、旋祥和远祥。直肠：位于盆腔内，较短而直。

（5）大肠壁由黏膜、黏膜下组织、肌层和浆膜构成。黏膜表面光滑，无绒毛。

（6）腹膜位于腹腔内，属于浆膜，表面光滑，由单层扁平上皮和少许结缔组织构成。

（7）腹膜形成的各种结构包括网膜、系膜和韧带等。

【作业及思考】

一、名词解释

1. 食管沟

2. 浆膜

二、单选题

1. 成年牛胃中，连通十二指肠的胃是（　　）

A. 瘤胃　　　B. 网胃　　　C. 瓣胃　　　　D. 皱胃

2. 牛的胆囊位于肝的（　　）

A. 左叶　　　B. 方叶　　　C. 右叶　　　D. 尾叶

三、填空题

1. 小肠最后的一段称_____，开口于回盲肠口处。

2. 小肠包括_____肠、_____肠和_____肠三段，大肠包括_____肠、_____肠和_____肠三段。

四、判断题

1. 小肠壁的肌层又分为内环肌和外纵肌，可分别使肠管缩小和缩短。（　　）

2. 猪的胆囊位于肝脏的右内叶，其胆汁排入十二指肠。（　　）

五、简答题

1. 皱胃与猪胃的内部结构有何不同？

2. 小肠和大肠的组织构造有何不同？

3. 牛、猪的口腔构造各有何特点？

4. 瘤胃内的环境是如何稳定的？

5. 为什么说草食动物的微生物学消化具有重要意义？

能力单元六　呼吸系统

任务（一）　呼吸器官的构造

【教学内容目标要求】

教学内容：（1）呼吸道。

　　　　　（2）肺。

　　　　　（3）胸膜和纵隔。

目标要求：（1）掌握牛鼻、咽、喉、气管、支气管和肺的形态结构和位置。

　　　　　（2）了解羊、猪等呼吸器官的解剖特征。

　　　　　（3）了解胸膜和纵隔的概念和位置。

【主要能力点与知识点应达到的目标水平】

教学内容 题目	职业岗位知识点、能力点 与基本职业素质点	目标水平				
		识记	理解	熟练操作	应用	分析
呼吸器官的 构造	知识点：单胃和复胃的消化特点；小肠吸收的过程	√				
	能力点：掌握并熟记呼吸器官的构造		√		√	
	职业素质渗透点：学生小组讨论交流，培养合作精神 和竞争意识					√

【教学组织及过程】

学识内容

呼吸器官的构造

一、呼吸道

1. 鼻（图6-1a、图6-1b、图6-1c和图6-1d）

（1）鼻腔。

①鼻孔

②鼻前庭　　结合挂图和实际例子学习，使同学了解

③固有鼻腔　鼻腔的构造，讲解为什么鼻子爱出血。

（2）鼻旁窦（图6-2a和图6-2b）。

在运动系统已经介绍过，简要讲解。

a. 猪　　　　　　　b. 羊　　　　　　　c. 牛　　　　　　　d. 马

图 6 – 1　家畜鼻部外形

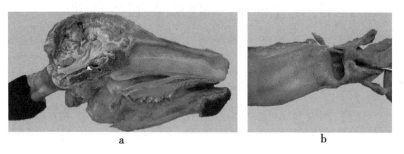

a　　　　　　　　　　　　　　　b

图 6 – 2　牛的鼻腔结构

2. 咽

在消化系统已经介绍过，简要讲解。

3. 喉

（1）喉软骨。

（2）喉肌。

（3）喉腔和喉黏膜（简要介绍）

> 在学习过程中加入声带和声门裂的
> 内容，理解发声的原理。

4. 气管和主支气管（家畜气管图 6 – 3a、图 6 – 3b 和图 6 – 3c）

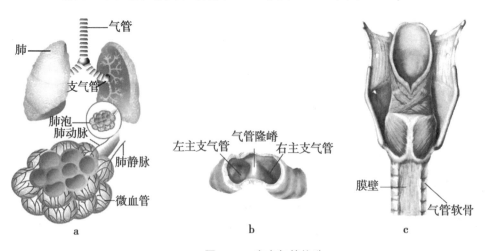

a　　　　　　　　　　b　　　　　　　　　　c

图 6 – 3　家畜气管构造

简要介绍器官和支气管的构造。

结合挂图和书上插图理解，在学习过程中注意对比牛、羊、猪肺的区别

二、肺

1. 肺的形态和位置

(1) 位置　　介绍肺脏的体表投影，让学生能够在体表上
(2) 形态　　找到肺，为今后课程的学习打下基础。

2. 肺的组织构造（图6–4、图6–5和图6–6）

(1) 支气管树　　只介绍概念
(2) 肺小叶

(3) 肺导管部的构造　　结合挂图分别重点理解。
(4) 肺呼吸部的构造

三、胸膜和纵膈

1. 胸膜　　重点介绍概念及其分布部位。
2. 纵膈

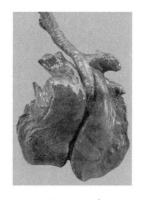

图6–4　肺

图6–5　支气管树

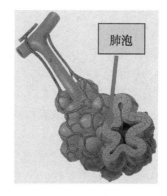

肺泡

图6–6　肺泡

四、知识链接

(1) 呼吸系统由呼吸道（鼻、咽、喉、气管、主支气管）和肺等器官组成。胸膜和胸膜腔等是呼吸系统的辅助装置。

(2) 呼吸包括3个过程：外呼吸、气体运输、内呼吸。外呼吸（肺呼吸）为气体在肺内的肺泡与毛细血管间进行交换的过程；气体运输为进入血液的氧气或二氧化碳与红细胞结合，被运送到全身组织细胞或肺的过程。内呼吸（组织呼吸）为气体在血液与组织细胞间进行交换的过程。

(3) 鼻可分为外鼻、鼻腔和鼻旁窦。鼻腔分为鼻前庭和固有鼻腔。固有鼻腔：鼻腔的主要部分，位于鼻前庭之后，由骨性鼻腔覆以黏膜构成。有上鼻道、中鼻道、下鼻道和总鼻道。

(4) 喉：由喉软骨、喉肌和喉黏膜构成。喉软骨：共有四种五块，即会厌软骨、甲状软骨、环状软骨和勺状软骨。喉肌：分为喉固有肌和喉外侧肌。喉腔：由衬于喉软骨内面的黏膜所围成的腔隙。

（5）喉腔中部的侧壁上，有一对黏膜褶，称为声褶，内有声韧带和声带肌，共同构成声带。

（6）声门裂为两声带之间的裂隙，由两侧的勺状软骨底和声褶形成，是喉腔最狭窄的部分。

（7）气管由多个呈"U"形的透明软骨环作支架，以环韧带连接起来的长圆筒状管道。气管壁：由黏膜、黏膜下组织和外膜构成。主支气管：是肺门与气管之间的分叉管道。共3支：气管支气管、左主支气管和右主支气管。

（8）肺具有3个面3个缘：肋面、膈面、内侧面和背侧缘、腹侧缘和底缘。

（9）肺由肺胸膜和肺实质（肺内导管、呼吸部）构成。

（10）胸膜为覆盖在肺表面、胸壁内面、纵膈侧面及膈前面的浆膜。胸膜脏层为胸膜被覆于肺表面的部分。胸膜壁层为被覆于胸壁内面、膈前面及纵膈侧面的部分。胸膜腔为胸膜脏层和壁层在肺根处互相返折延续，在两肺周围分别形成两个互不相通的腔隙。

（11）纵膈位于胸腔中部，是两侧纵膈胸膜之间的脏器的结缔组织的总称。

【作业及思考】

一、名词解释

1. 胸腔纵膈

2. 支气管树

3. 声带

二、简答题

1. 肺泡壁有几种细胞构成？各有何功能？（隔细胞、尘细胞等）

2. 光镜下找出支气管导管部与呼吸部的构造有何不同？

任务（二）　呼吸生理

【教学内容目标要求】

教学内容：（1）肺通气。

　　　　　（2）肺换气和组织换气。

　　　　　（3）气体在血液中的运输。

　　　　　（4）呼吸运动的调节。

目标要求：（1）掌握肺通气的原理：动力和阻力，肺内压、胸内压的概念。

　　　　　（2）胸内负压的形成原因及生理意义。

　　　　　（3）了解肺的基本容积及相关概念。

　　　　　（4）掌握气体交换的原理、肺换气、组织交换。

　　　　　（5）了解呼吸中枢与呼吸节律的形成，掌握呼吸的反射性调节。

【主要能力点与知识点应达到的目标水平】

教学内容题目	职业岗位知识点、能力点与基本职业素质点	目标水平				
		识记	理解	熟练操作	应用	分析
呼吸生理	知识点：呼吸生理	√				
	能力点：掌握并熟记呼吸生理		√		√	
	职业素质渗透点：学习气体交换过程，感知物质运动变化的特点					√

【教学组织及过程】

学识内容

呼吸生理

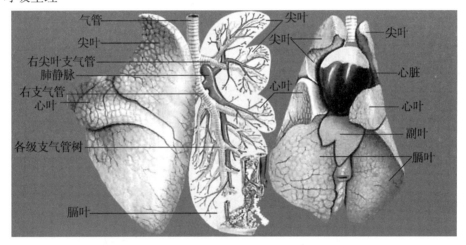

图 6-7　牛肺解剖结构

一、肺通气（图 6-7）

（一）呼吸运动

1. 呼吸运动过程

掌握家畜胸膜结构（图 6-9），启发学生通过自己的呼吸来总结参与呼吸肌肉的运动过程。

2. 呼吸运动的形式

（1）胸式呼吸

（2）腹式呼吸　　启发学生通过日常所见，进行总结。

（3）胸腹式呼吸

（二）胸膜腔内压

重点介绍胸内负压的概念以及生理意义。

（三）呼吸频率　结合生产实际进行理解，介绍正常的呼吸音，

（四）呼吸音　　使学生能够区别异常呼吸音

无论在吸气还是呼气过程，胸内压始终是低于大气压，因此，通常将胸内压称为胸内负压。

胸内负压的生理意义：①保证呼吸时肺泡的张缩；②有利于静脉血和淋巴液回流。负压作用于心脏和腔静脉，可降低中心静脉压，促进静脉血和淋巴液回流；③有利于逆呕。

每分钟的呼吸次数称为呼吸频率。

呼吸音：肺泡音、支气管音、支气管肺泡音。

二、肺换气和组织换气（图6-8a和图6-8b）

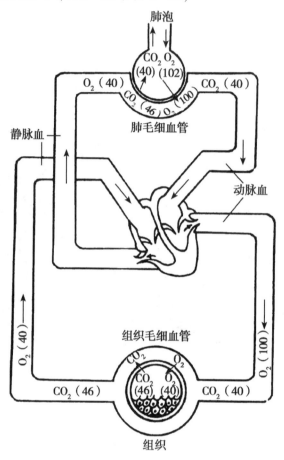

a

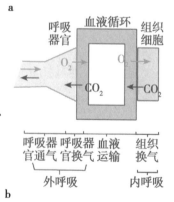

呼吸的3个连续过程：
①外呼吸，包括呼吸器官的通气和呼吸器官换气。
②气体的运输。
③内呼吸，包括血液与组织、细胞间的气体交换。

b

图6-8 家畜呼吸原理示意图

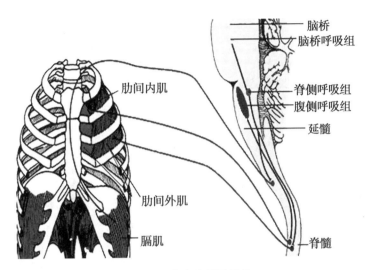

图 6 - 9　家畜胸膜腔结构

（一）肺换气
1. 肺换气的过程
2. 影响肺换气的因素
（二）组织换气
1. 组织换气的过程
2. 影响组织换气的因素

内容较枯燥，在学习的过程中加入人体知识，激发学生的学习兴趣。

三、气体在血液中的运输（图 6 - 10）

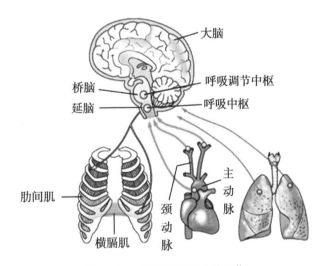

图 6 - 10　家畜呼吸运动的调节

（一）氧和二氧化碳在血液中存在的形式
（二）氧的运输
（三）二氧化碳的运输

结合以前的化学知识和物理知识进行理解。

四、呼吸运动的调节（图 6-11 和图 6-12）

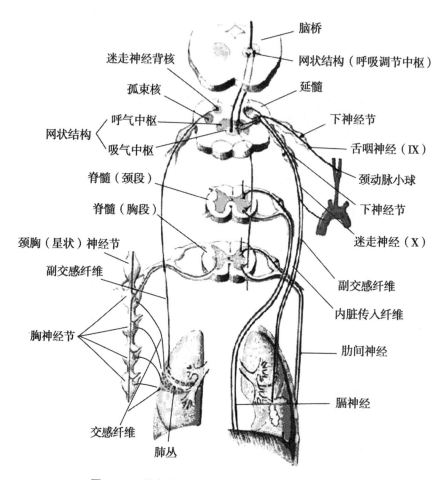

图 6-11　支气管、肺的神经支配和呼吸调节示意图

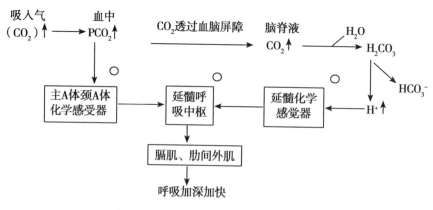

图 6-12　家畜支气管、肺呼吸调节运输和气体

（一）神经调节 ⎫
（二）体液调节 ⎭ 简单理解。

体液调节

知识要点

（1）胸内负压：又称胸膜内压，是指脏层胸膜与壁层胸膜之间的潜在腔（即胸膜腔）内的压力（图 6-9）。在整个呼吸周期中，它始终低于大气压，故亦称"胸内负压"。

（2）气体的运输过程。

【作业及思考】

一、单选题

1. 下列喉骨中，哪种是成对的（　　）

A. 环状软骨　　　　B. 甲状软骨　　　　C. 勺状软骨　　　　D. 会厌软骨

2. 胸膜脏层与胸膜壁层之间的腔隙称（　　）

A. 胸腔　　　　　B. 胸廓　　　　C. 胸膜囊　　　　D. 胸膜腔

3. 家畜的肺位于（　　）

A. 胸腔　　　　B. 胸廓　　　　C. 胸膜腔　　　　D. 胸纵隔

4. 心脏位于（　　）

A. 腹腔　　　　B. 胸膜腔　　　　C. 腹膜腔　　　　D. 胸纵隔

5. 家畜的肺分左右两肺，其大小通常为（　　）

A. 左肺大于右肺　　　B. 右肺大于左肺　　　C. 两肺一样大　　　D. 都不对

6. 胸廓的内腔称（　　）

A. 胸腔　　　　B. 胸膜腔　　　　C. 胸膜囊　　　　D. 心包腔

二、多选题

1. 下列软骨中哪些只有一块（　　　　）

A. 会厌软骨　　　B. 勺状软骨　　　C. 甲状软骨　　　D. 环状软骨　　　E. 气管软骨

2. 下列器官中属于呼吸系统的器官是（　　　　）

A. 口腔　　　B. 鼻腔　　　C. 咽　　　D. 舌　　　E. 喉

3. 下列器官中位于胸纵隔之内的是（　　　　）。

A. 心脏　　　B. 肺　　　C. 胸段气管　　　D. 胸段食管　　　E. 喉

三、判断题

1. 胸腔就是胸廓的内腔。（　　）

2. 肺的副叶位于左肺膈叶的内侧。（　　）

3. 健康的肺呈粉红色，柔软富有弹性，入水易沉。（　　）

4. 家畜的左肺通常大于右肺。（　　）

5. 家畜的肺位于胸纵隔内。（　　）

四、填空题

1. 家畜的呼吸系统包括____、____、____、____、____和____组成。

2. 牛、羊、猪的肺分叶从前向后依次是____叶、____叶、____叶，而马的肺分为____叶和____叶。

五、简答题

1. 简述气管的分支特征？

2. 简述肺的形态位置，重点描述牛、羊、猪、马肺的分叶特征和胆囊的位置？

3. 胸内负压是如何形成的？有何生理意义？

4. 血液中的气体是如何运输的？

任务（三）　呼吸器官的观察

【实验实训五　呼吸器官的观察】

班　级				指导教师		
时　间	年　月　日		周次		节次	实验（实训）时数	2
实验（实训）项目名称	实验实训五呼吸器官的观察			实验（实训）项目类别	□课程实验　　□课程实习□岗位综合实训　□技能训练	
实验（实训）项目性质		□演示性　□验证性　□应用性　□设计性　□综合性				
实验（实训）组织	实验（实训）地点		同时实验（实训）人数/组数		每组人数	
	实验室					

【实践教学能力目标】

（1）确认畜禽呼吸器官的形态和结构；确定喉和肺的体表投影；确认呼吸式；准确测定呼吸频率。

（2）掌握肺通气部和肺呼吸部的织结构。

一、目的要求

（1）确认畜禽呼吸器官的形态和结构；确定喉和肺的体表投影；确认呼吸式；准确测定呼吸频率。

（2）掌握肺通气部和肺呼吸部的织结构。

二、材料用具

畜禽头矢状切面标本、头横断面标本、从喉至肺的离体呼吸器官标本；显示肺与胸膜腔位置关系的新鲜标本、显微镜、肺脏组织切片。

三、实验内容

(一) 呼吸器官的观察

(1) 鼻、咽的观察。用头部标本观察鼻中膈、鼻甲骨、鼻道、鼻黏膜各区、额窦、上颌窦。

(2) 喉、气管和支气管的观察。用离体呼吸器官标本观察喉软骨、喉黏膜、喉口、气管软骨环、气管黏膜、支气管、支气管黏膜。

(3) 肺的观察。用离体标本和胸腔新鲜标本观察肺的颜色、位置关系，肺的三面和三缘，心压迹、心切迹、肺门，触摸肺的质地，分辨肺的分叶和肺小叶。

(4) 纵膈、胸膜和胸膜腔的观察。用胸腔新鲜标本观察纵膈、各区胸膜及胸膜腔。

(二) 喉、肺体表投影的确定

(1) 喉投影区确定。在活体牛 (马) 的下颌间隙后方触摸喉部。

(2) 肺投影区确定。在胸壁两侧确定肺后缘线、肺背缘线和左心切迹，用粉笔画出肺投影区的轮廓。

(三) 畜禽呼吸式的观察。在活体牛 (马) 肋间隙和腹部外下方夹上带旗毛夹，在活体稍原远处仔细观察两处小旗的摇动情况，判定实习动物的呼吸式。

(四) 呼吸频率的测定。数出活牛 (马) 胸腹部小旗在 2 分钟内的摇动次数，求出平均 1 分钟的呼吸次数。

(五) 肺通气部观察。用低倍镜观察肺内支气管、细支气管和终末细支气管，注意各个管壁的层次结构和管腔特征 (图 6 - 14)。

(六) 肺呼吸部观察。用高倍镜观察呼吸性细支气管、肺泡管、肺泡囊和肺注意各部形态特征和肺泡膈、肺泡壁与毛细血管的位置关系 (图 6 - 15a、图 6 - 15b 和图 6 - 15c)。

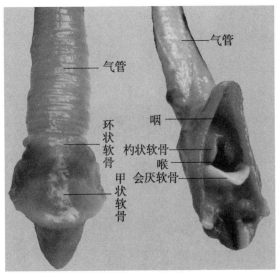

图 6 - 13　家畜喉部器官

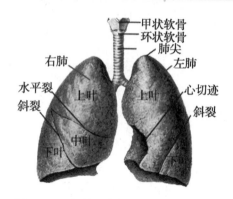

图 6-14 气管、支气管和肺（前面观）

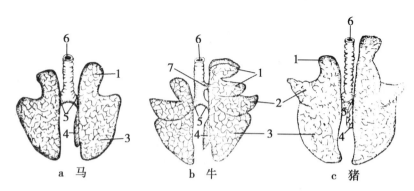

1. 尖叶；2. 心叶；3. 膈叶；4. 副叶；5. 支气管；6. 气管；7. 右尖叶支气管

图 6-15 家畜肺的分叶模式图

四、教学组织

学生分两组，一组一小时；教师认真讲解操作规程，边讲解边演示；在学生基本清楚的情况下，教师可以进行分别指导。

【考核】

无

【实践小结】

熟悉牛、羊、猪肺部系统形态、结构和功能。

【作业及思考】

1. 绘出畜禽肺分叶模式图和胸膜腔模式图

2. 绘出低倍镜下肺组织结构图

能力单元七　泌尿系统

任务（一）　　泌尿器官的构造

【教学内容目标要求】

教学内容：泌尿器官的构造。

目标要求：（1）基本概念：肾门、肾盏、肾盂、肾单位、肾小管、肾小体。

　　　　　　（2）掌握泌尿系统的组成，各器官的结构特点及其基本功能。

【主要能力点与知识点应达到的目标水平】

教学内容题目	职业岗位知识点、能力点与基本职业素质点	目标水平				
		识记	理解	熟练操作	应用	分析
全身肌肉	知识点：泌尿器官的构造。	√				
	能力点：掌握并熟记泌尿器官的构造。		√	√	√	
	职业素质渗透点：学习肾脏结构适于产生尿液的特点，建立结构与功能相适应的生物学基本观点。					√

【教学组织及过程】

一、泌尿系统简介

介绍肾的体表投影，让学生能够在体表上找到肾，为今后课程的学习打下基础。

泌尿系统由肾、输尿管、膀胱、尿道构成，是重要的排泄器官。

二、肾

（一）肾的形态、位置和构造

结合以前所学的知识介绍肾的形态和位置。

结合挂图理解各种家畜肾的构造特点

各种畜禽肾的形态、位置和结构特点（表 7－1、图 7－1 和图 7－2a、图 7－2b、图 7－2c 和图 7－2d）。

表7-1　牛、猪、马和羊肾的形态位置和结构特点

类别	右肾	左肾	形态特点
牛肾	长椭圆形 位于12肋间隙至第2~3腰椎横突腹面	厚三棱形 在第3~5腰椎横突腹面	表面有沟的多乳头肾
猪肾	蚕豆形 末肋上端至第3腰椎横突腹面	蚕豆形 末肋上端至第3腰椎横突腹面	表面光滑的多乳头肾
马肾	圆角三角形 第16肋上端至第1腰椎横突腹面	豆形 第17肋上端至第2~3腰椎横突腹面	表面光滑的单乳头肾
羊肾	豆形 位于12肋间隙至第2~3腰椎横突腹面	豆形 位于第3~5腰椎横突腹面	表面光滑的单乳头肾

（二）家畜肾构造的描述（图7-1）

皮质表浅色褐红　　肾柱深入髓质中
髓质较深被分割　　十数锥体共组成
尖端乳头入小盏　　大盏肾盂相移行

图7-1　家畜肾外貌

a　复肾（大熊猫、河马）

b　有沟多乳头肾（牛）

c　平滑多乳头肾（猪）

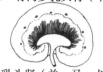

d　平滑单乳头肾（羊、马、犬、猫、兔）

图7-2　哺乳动物肾的类型

（三）肾的组织结构

1. 肾单位

肾单位 ┫ 肾小体 ┫ 肾小球
　　　　　　　　　　肾小囊
　　　　肾小管 ┫ 近曲小管
　　　　　　　　　髓襻
　　　　　　　　　远曲小管

结合挂图和教师黑板画图
分别理解各部分形态、结构及功能。

2. 集合管系 (简要介绍)

包括集合管和乳头管。

(四) 肾血液循环特点 (重点介绍) (图 7 - 3 和图 7 - 4)

(1) 肾动脉直接发自腹主动脉, 其口径粗、行程短、血流量大, 利于泌尿。

(2) 入球小动脉短而粗, 出球小动脉长而细, 血液流经肾小球时阻力很大, 肾小球毛细血管内形成较高的血压, 是原尿生成的主要阻力。

(3) 出球小动脉离开肾小球时血压已经很低, 它在肾小管和集合管的周围再一次分开形成毛细血管网, 此处的血压降得更低, 这种状况有利于肾小管和集合管中原尿的有用成分迅速被重吸收。

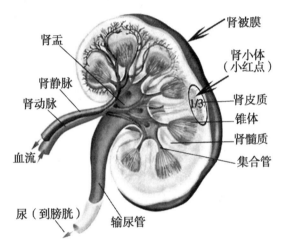

图 7 - 3 家畜肾血循示意图

编号	名称	解剖示意图	编号	名称
1	肾锥体	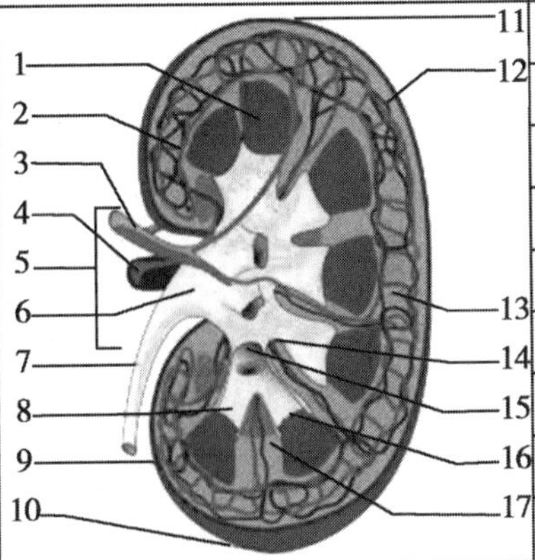	10	肾鞘膜
2	小动脉		11	肾鞘膜
3	肾动脉		12	小静脉
4	肾静脉		13	肾元
5	肾门		14	肾窦
6	肾盂		15	肾大盏
7	输尿管		16	肾乳头
8	肾小盏		17	肾柱
9	肾鞘膜			

图 7 - 4 家畜肾解剖示意图

三、知识要点

（1）泌尿系统由肾、输尿管、膀胱和尿道（后三个合称尿路）组成（图7-5a和图7-5b）。

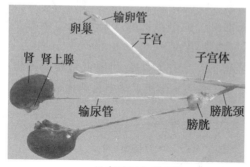

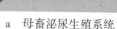

a　母畜泌尿生殖系统　　　　　　　　b　泌尿器官在腹腔内位置

图7-5　家畜泌尿系统和生殖系统的结构

（2）肾的类型包括复肾、有沟多乳头肾、光滑多乳头肾、光滑单乳头肾。

（3）肾由被膜和实质构成。肾表面由内向外有三层被膜包裹纤维囊、脂肪囊和肾筋膜。

（4）牛右肾呈上下稍压扁的长椭圆形，左肾比右肾略窄，略呈三棱形，前端小，后端大而圆。马右肾靠前，呈上下压扁的等边三角形。家畜肾中只有马属动物右肾横径大于纵径。左肾呈豆形，位置偏后。猪右肾前端不与肝接触，家畜中只有猪和猫的右肾不向前伸达肝，不在肝表面形成肾压迹。羊两肾均呈豆形，左肾位置受瘤胃的影响而有变化。

（5）输尿管管壁由黏膜、肌层和外膜构成。肌层收缩可产生蠕动使尿液流向膀胱。

（6）膀胱壁由黏膜、皮层和浆膜构成。

（7）尿道内口起于膀胱颈，以尿道外口通于体外。公畜尿道长。

【作业及思考】

一、名词解释

1. 肾窦

2. 肾盂

二、单选题

1. 牛的肾脏内不具有（　　）

A. 肾皮质　　B. 肾髓质　　　C. 肾盂　　　　D. 肾盏

2. 肾脏位于腰椎腹侧，左右肾脏位置对称的家畜是（　　）

A. 牛　　B. 羊　　C. 马　　D. 猪

3. 关于牛肾的位置描述正确的是（　　）

A. 左肾位置靠前　　B. 右肾位置靠前

C. 左右肾位置对称　　　D. 位于胸椎腹侧

三、简答题

为什么说肾单位的结构和肾血液循环特点非常适合肾的泌尿机能？

任务（二）　　泌尿生理

【教学内容目标要求】

教学内容：（1）肾小球的滤过作用。

　　　　　（2）肾小管与集合管的转运功能。

　　　　　（3）尿生成的体液调节。

　　　　　（4）尿的排放。

目标要求：（1）掌握尿的生成过程及影响因素。

　　　　　（2）了解排泄对维持机体稳态的意义。

【主要能力点与知识点应达到的目标水平】

教学内容题目	职业岗位知识点、能力点与基本职业素质点	目标水平				
		识记	理解	熟练操作	应用	分析
泌尿生理	知识点：尿的生成过程	√				
	能力点：掌握并熟记尿的生成过程及影响因素		√		√	
	职业素质渗透点：学习肾脏结构适于产生尿液的特点，建立结构与功能相适应的生物学基本观点					√

【教学组织及过程】

学识内容

提问

1. 肾脏的组织结构

2. 各种动物肾的形态、位置和构造特点（图7-6）

讲解新内容

一、肾小球的滤过作用

1. 滤过膜及其通透性

挂图结合黑板画图进行讲解。

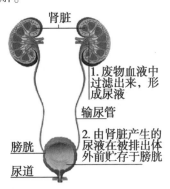

图7-6　家畜肾脏系统结构

2. 有效滤过压

肾小球有效滤过压＝（肾小球毛细血管静水压＋囊内液胶体渗透压）－（血浆胶

体渗透压 + 肾小囊内压）。

因肾小囊内部滤液中蛋白质浓度极低，故在正常生理下，囊内液胶体渗透压可忽略不计。也可直接表达为：有效滤过压 =（肾小球毛细血管压）－（血浆胶体渗透压 + 肾小囊内压）。

3. 影响肾小球滤过的因素

（1）肾小球有效滤过压的改变。

①肾小球毛细血管血压

②血浆胶体渗透压   结合挂图进行理解。

③囊内压

④肾血流量

（2）肾小球滤过膜通透性能改变（图 7 - 7a 和图 7 - 7b）。

①滤过面积。

②滤过膜通透性。

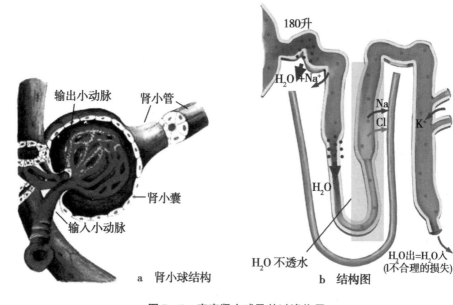

图 7 - 7 家畜肾小球及其过滤作用

二、肾小管与集合管的转运功能

1. 近端小管和肾单位袢中的物质转运

（1）葡萄糖、氨基酸和小分子蛋白质的重吸收

（2）Na$^+$、Cl$^-$、K$^+$、HCO$_3$ 和水的重吸收   结合物质转运过程进行理解，使学生明白如果吸收

（3）其他物质的重吸收和分泌   不完全，会造成疾病，如

（4）髓袢中的物质转运   水肿、脱水、糖尿等。

2. 远端小管和集合管中的物质转运（图 7 - 8 和图 7 - 9）

3. 影响肾小管重吸收的因素

（1）原尿中溶质浓度的改变。

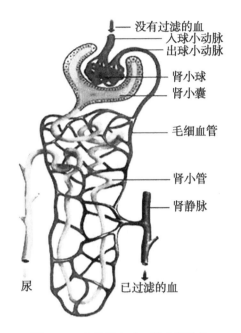

没有过滤的血
入球小动脉
出球小动脉
肾小球
肾小囊
毛细血管
肾小管
肾静脉
尿
已过滤的血

图7-8　家畜肾小球、肾小管结构

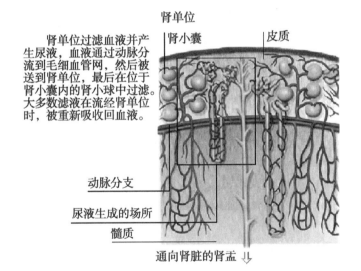

肾单位

肾单位过滤血液并产生尿液，血液通过动脉分流到毛细血管网，然后被送到肾单位，最后在位于肾小囊内的肾小球中过滤。大多数滤液在流经肾单位时，被重新吸收回血液。

肾小囊　皮质
动脉分支
尿液生成的场所
髓质
通向肾脏的肾盂

图7-9　家畜远端肾小管运作模式图

（2）肾小管上皮细胞的机能状态改变。

（3）激素的影响。

4. 家禽肾小管与集合管的转运特点

与畜禽物质转运的特点对比进行讲解。

三、尿生成的体液调节

四、尿的排放（图7-10）

（1）膀胱与尿道的神经支配。

（2）排尿反射。

五、知识要点

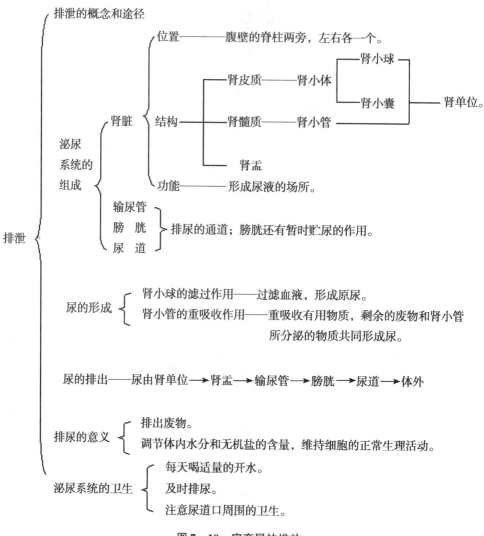

图 7-10 家畜尿的排放

【作业及思考】

一、名词解释

1. 肾乳头

2. 肾小盏

二、单选题

1. 输尿管起于（　　）

A. 膀胱颈　　B. 肾门　　　C. 尿道外口　　　D. 尿道内口

2. 牛肾属于（　　）

A. 光滑单乳头肾　　B. 有沟多乳头肾　　C. 光滑多乳头肾　　D. 有沟单乳头肾

三、判断题

1. 尿液是由输尿管产生的。（　）

2. 牛肾与猪肾一样均属于表面光滑的乳头肾。（　）

3. 膀胱位于腹腔内，当充满尿液时，可垂至腹底壁。（　）

4. 猪肾为有沟多乳头肾。（　）

5. 膀胱尿液太多时会通过输尿管向肾脏倒流。（　）

四、简答题

1. 尿液是如何形成的？

2. 尿液的生成受哪些因素影响？

任务（三）　　泌尿器官的观察

【实验实训六　泌尿器官的观察】

班　级				指导教师			
时　间	年　月　日		周次	节次		实验（实训）时数	2
实验（实训）项目名称	实验实训六　泌尿器官的观察			实验（实训）项目类别		□课程实验　　□课程实习 □岗位综合实训　□技能训练	
实验（实训）项目性质		□演示性　□验证性　□应用性　□设计性　□综合性					
实验（实训）组织	实验（实训）地点		同时实验（实训）人数/组数			每组人数	
	实验室						

【实践教学能力目标】

（1）确认畜禽泌尿器官的形态和结构；确定确定肾在活体体表的投影区域。

（2）掌握肾单位和集合管的组织结构，进一步加深理解尿的生成过程。

一、目的要求

（1）掌握家畜泌尿器官的形态和结构；确定肾在活体体表的投影区域。

（2）掌握肾单位和集合管的组织结构，进一步加深理解尿的生成过程。

二、材料用具

家畜肾浸制标本、连有尿道的整套泌尿系统标本（包括雄性和雌性）、新鲜的腹腔和盆腔标本、显微镜、肾脏；膀胱等组织切片（图7-11）。

三、实验内容

（一）泌尿器官的观察

（1）用浸制标本观察肾纤维膜、肾门、肾窦、皮质、髓质、肾乳头、肾盏、集收管或肾盂。

（2）输尿管、膀胱和尿道的观察。用整套泌尿系统离体标本观察输尿管（注意起止端）、膀胱顶、膀胱体、膀胱颈、膀胱外膜、膀胱黏膜、公畜骨盆部尿道和阴茎部尿

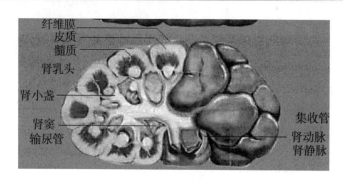

图 7 – 11　家畜肾脏组织

道、尿道外口、母畜尿道外口、尿道憩室。

（3）膀胱在腹腔和盆腔中位置关系观察。用新鲜的腹腔和盆腔剖开标本观察肾与躯干骨的关系，肾与肝、胃的关系，观察空虚膀胱背侧和腹侧相邻器官的关系。

（二）肾在活畜体表的投影

（三）肾小体观察

用高倍镜观察神效球毛细血管、肾小囊脏层（注意脏层与肾小球毛细血管的相贴关系）、肾小囊腔、肾小囊壁层。

（四）肾小管和集合管观察

用高倍镜观察近曲小管、远曲小管和集合管（注意各段管壁的上皮细胞形状、管腔和管径的区别）。

四、教学组织

学生分两组，一组一小时；教师认真讲解操作规程，边讲解边演示；在学生基本清楚的情况下，教师可以进行分别指导。

【考核】

无

【实践小结】

熟悉家禽泌尿系统形态和构造。

【作业及思考】

（1）绘出牛泌尿系统模式图。

（2）高倍镜下绘出肾小体的构造图。

能力单元八 生殖系统

任务（一） 生殖器官形态

【教学内容目标要求】

教学内容：（1）雄性生殖系统。

（2）雌性生殖系统。

（3）胚胎构造。

目标要求：（1）熟知睾丸、附睾、输精管、副性腺、尿生殖道、阴茎、卵巢、输卵管、子宫、阴道、尿生殖前庭、阴门、曲精细管、间质细胞、卵泡等的概念；雄性、雌性生殖系统的组成。

（2）掌握阴囊的构造；副性腺的作用；卵泡的发育；子宫的构造。

（3）了解睾丸、附睾的构造；卵巢的形态与构造。

【主要能力点与知识点应达到的目标水平】

教学内容题目	职业岗位知识点、能力点与基本职业素质点	目标水平				
		识记	理解	熟练操作	应用	分析
生殖器官形态	知识点：消化器官的解剖构造	√				
	能力点：掌握并熟记消化器官的解剖构造		√	√		
	职业素质渗透点：通过总结无性生殖和有性生殖，培养学生分析、概括和归纳能力					√

【教学组织及过程】

学识内容

提问

一、雄性生殖系统（图8-1a和图8-1b）

> 介绍雄性生殖系统各器官的位置，掌握去势的技术要点。

（一）睾丸和附睾

1. 睾丸和附睾的形态位置

2. 睾丸的组织结构

> 结合挂图进行理解。

（二）输精管和精索

1. 输精管

81

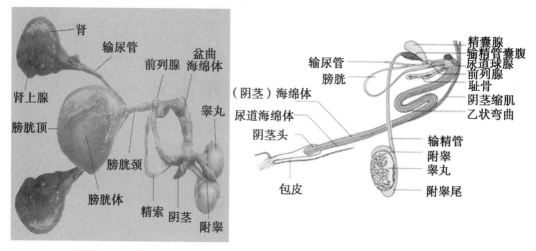

a 雄性泌尿生殖系统   b 雄性生殖器官

图 8 - 1 家畜雄性生殖器官解剖示意图

2. 精索

（三）阴囊

1. 皮肤

2. 肉膜

3. 肉膜下筋膜 ⎫
                   ⎬ 教师辅导加学生自学同时进行。
4. 睾外提肌

5. 总鞘膜 ⎭

（四）尿生殖道

（五）副性腺

（六）阴茎

（七）包皮

二、雌性生殖系统（图 8 - 2a 和图 8 - 2b）   介绍雌性生殖系统各器官的位置，掌握人工受精的技术要点。

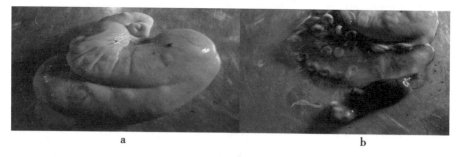

a   b

图 8 - 2 家畜雌性生殖器官外观实图

（一）卵巢

1. 形态位置

2. 组织结构

（二）输卵管

（三）子宫

1. 形态位置

2. 牛、羊、猪、马的子宫特点

（四）阴道

（五）尿生殖前庭和阴门

三、胚胎结构

1. 畜禽的胚胎结构。

2. 鸡的胚胎结构。

四、知识要点

（1）雄性生殖器官包括睾丸、附睾、阴囊、输精管、精索、副性腺、尿生殖道、阴茎和包皮。

（2）精索包有睾丸血管、淋巴管、神经、提睾内肌和输精管的浆膜褶，呈扁圆锥形。

（3）副性腺包括精囊腺、前列腺和尿道球腺。精囊腺为一对，位于膀胱颈背侧的生殖褶中。前列腺由前列腺体和扩散部构成。前者较小，横位于膀胱颈和尿生殖道起始部的背侧，后者发达，几乎分布在整个尿生殖道盆部的尿道肌和海绵层之间。尿道球腺位于尿生殖道盆部后端的背外侧。

【作业及思考】

一、名词解释

1. 睾丸纵膈

2. 输卵管伞

二、单选题

1. 下列腺体中属于副性腺的是（　　）

A. 肾上腺　　　B. 颌下腺　　　C. 前列腺　　　D. 胰腺

2. 雄性生殖器官中，产生精子的器官是（　　）

A. 睾丸　　B. 附睾　　C. 附性腺　　D. 阴茎

3. 输精管末端开口于（　　）

A. 膀胱颈　　B. 尿道内口腹侧　　C. 尿生殖道起始部背侧　　D. 阴茎头

4. 雌性生殖器官中，产生卵细胞的器官是（　　）

A. 卵巢　　B. 输卵管　　C. 子宫　　D. 阴道

5. 牛的子宫位于（　　）

A. 腹腔内　　B. 胸腔内　　C. 骨盆腔内　　D. 颅腔内

6. 公畜的阴茎不形成乙状弯曲的家畜是（　　）

A. 马　　　B. 牛　　　C. 羊　　　D. 猪

7. 卵巢表面形成排卵窝的家畜是（　　　）

A. 马　　　　　B. 牛　　　　　C. 羊　　　　　D. 猪

三、多选题

1. 阴囊壁的结构包括（　　　　　）

A. 皮肤　　　B. 肉膜　　　　C. 睾外提肌　　　　　D. 睾丸　　　E. 鞘膜

2. 子宫颈突入阴道内，形成子宫阴道部的家畜是（　　　　　）

A. 马　　　　　B. 牛　　　　　C. 羊　　　　　D. 猪

3. 猪的子宫有如下特点（　　　　　）

A. 有二个子宫角　　B. 子宫角长形似小肠　　C. 子宫角黏膜有子宫阜　　D. 形成子宫颈阴道部

4. 关于家畜睾丸叙述正确的是（　　　　　）

A. 椭圆形　　　B. 分头体尾三部分　　　C. 产生精子　　　D. 睾丸头连接附睾头

5. 关于母畜卵巢叙述正确的是（　　　　　）

A. 牛的为椭圆形　　　B. 马的为蚕豆形　　　C. 猪的为葡萄状（经产）　　　D. 都不对

6. 公畜的副性腺包括（　　　　　）

A. 精囊腺　　B. 前列腺　　C. 尿道球腺　　　D. 附睾　　　E. 睾丸

7. 公畜在交配时，精子需要通过（　　　　　）才能排出体外。

A. 膀胱　　B. 输精管　　　C. 附睾管　　　D. 输尿管　　　E. 尿生殖道

四、填空题

1. 输精管起于＿＿＿＿，开口于＿＿＿＿。

2. 性成熟或经产母猪的卵巢外观呈＿＿＿＿状。

3. 家畜的输卵管分为＿＿＿＿、＿＿＿＿和＿＿＿＿三段。

4. 子宫是孕育胎儿的器官，大致可分为＿＿＿＿、＿＿＿＿、＿＿＿＿三部分。

5. 精子在＿＿＿＿内形成。在＿＿＿＿内进一步成熟。

五、问答题

1. 叙述牛羊卵巢的形态位置?

2. 叙述猪不同年龄阶段卵巢的形态位置?

任务（二）　　生殖生理

【教学内容目标要求】

教学内容：（1）雄性生殖生理。

　　　　　（2）雌性生殖生理。

　　　　　（3）禽的生殖生理。

目标要求：（1）性成熟、性季节、性周期、排卵、授精、妊娠、分娩等的概念。

　　　　　（2）掌握雄性、雌性生殖生理。

【主要能力点与知识点应达到的目标水平】

教学内容题目	职业岗位知识点、能力点与基本职业素质点	目标水平				
		识记	理解	熟练操作	应用	分析
生殖生理	知识点：生殖生理	√				
	能力点：掌握并熟记生殖生理		√			
	职业素质渗透点：通过理解生殖方式的进化趋势，对学生进行适应、进化等生命科学观点的教育				√	√

【教学组织及过程】

学识内容

提问

1. 雄性生殖系统包括哪些器官。

2. 雌性生殖系统包括哪些器官。

讲解新内容

一、概述

1. 性成熟

哺乳动物生长发育到一定时期，生殖器官基本发育完全，并具备繁殖后代的能力，称为性成熟。

2. 体成熟

动物性成熟后，组织器官继续发育，直到具有成年动物固有的形态和结构特点，称为体成熟。

3. 性季节

二、雄性生殖生理

> 介绍各器官的主要生理功能，为畜禽繁育课程打下基础。

1. 睾丸的功能

（1）精子的产生：睾丸的曲细精管内进行（图8-3）。

（2）激素的分泌：分泌雄激素和少量雌激素（图8-4）。

2. 其他性器官的功能

（1）附睾：精子停留和成熟的地方。

（2）输精管：将精子从附睾尾送到输精管壶腹。

（3）副性腺：分泌精清。

（4）阴茎：交配器官。

3. 交配

（1）包括求偶。

（2）性欲激发。

（3）外生殖器勃起。

（4）爬跨、插入和射精。

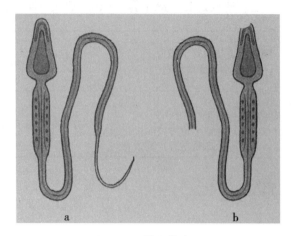

图8-3 精子模式图

a 正常精子；b 异常精子

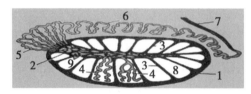

1—白膜　　6—附睾管
2—睾丸纵膈　7—输精管
3—睾丸间隔　8—睾丸小叶
4—曲细精管　9—睾丸网
5—输出小管

图8-4 睾丸切片组织构造示意图

4. 精液：由精子和精清组成

三、雌性生殖生理（图8-5和图8-6）

1. 卵巢的功能

（1）卵子的生成

①生成过程：起源于卵巢的生殖上皮，分为增值、生长和成熟3个阶段。

②排卵：分为自发性排卵和诱发性排卵。

（2）激素的分泌：分泌雌激素、孕激素和少量的雄激素。

2. 其他性器官的功能 ┌─────────────────┐
　　　　　　　　　　　│介绍各器官的主要生理功能，│
3. 受精　　　　　　　│为畜禽繁育课程打下基础。　│
　　　　　　　　　　　└─────────────────┘

（1）精子的运行。

（2）卵子的运行。

（3）受精过程。

4. 妊娠

受精卵在雌性动物体内生长发育尾成熟的胎儿的过程。

5. 分娩

是成熟的胎儿自子宫排出母体的过程。

四、禽的生殖生理

（1）雌禽生殖生理。

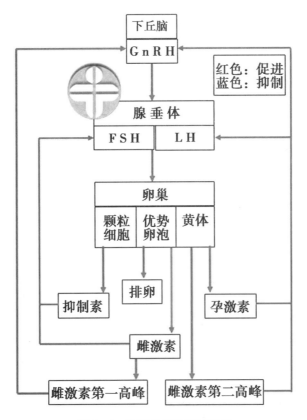

图 8-5　卵巢生殖生理示意图

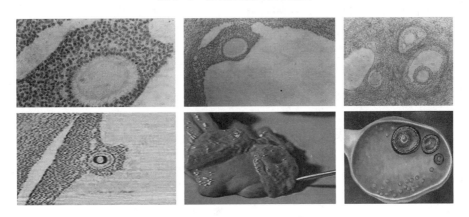

图 8-6　卵细胞形成过程示意图

（2）雄禽生殖生理。

五、知识要点

（1）雌性生殖器官包括卵巢、输卵管、子宫、阴道、阴道前庭和阴门。卵巢的子宫端借卵巢固有韧带与子宫角相连，输卵管端有一浆膜延至子宫，并包着输卵管，称输卵管系膜，在输卵管系膜和卵巢固有韧带之间，形成一个卵巢囊。卵细胞成熟后，突出于卵巢表面，在神经和体液影响下，卵泡破裂，从卵巢中排出后，卵巢壁塌陷，壁内细胞增大，并在细胞质出现黄色素颗粒，这些细胞称黄体。黄体退化后为结缔组织所替代，称为白体。

（2）子宫分为双子宫、双分子宫、双角子宫和单子宫。

（3）子宫分为子宫角、子宫体和子宫颈三部分。

（4）马的卵巢呈豆形，腹缘游离，有凹陷的卵巢窝，卵子只能在卵巢窝表面排出。猪的卵巢呈桑椹状。牛、羊及犬的卵巢呈椭圆形及圆形。犬的卵巢完全被卵巢囊所包裹。

【作业及思考】

一、名词解释

1. 子宫阜

2. 子宫阴道部

3. 总鞘膜

4. 尿道下憩室

5. 胎盘

二、判断题

1. 马属动物的卵巢构造与其他家畜卵巢构造有所不同，就是卵巢皮质和髓质位置相反。牛的卵巢皮质在外周髓质在中央，马的卵巢皮质在中央髓质在外周。（　）

2. 雄性尿道长，兼有排精作用，故称泌尿生殖道。（　）

3. 睾丸的机能是既能产生精子又能分泌激素。（　）

4. 卵巢既能产生卵子又能分泌激素。（　）

5. 卵巢没有与其直接相连的排卵管道，成熟卵细胞落入输卵伞。（　）

三、问答题

1. 叙述牛羊马猪子宫的形态位置？

2. 何为性成熟和体成熟？有何临床意义？

3. 精子和卵子是如何受精的？

任务（三）　生殖器官的观察

【实验实训七　生殖器官的观察】

班级				指导教师			
时间	年　月　日	周次		节次		实验（实训）时数	2
实验（实训）项目名称	实验实训七　生殖系统的观察			实验（实训）项目类别		□课程实验　　□课程实习 □岗位综合实训　□技能训练	
实验（实训）项目性质			□演示性　□验证性　□应用性　□设计性　□综合性				
实验（实训）组织	实验（实训）地点		同时实验（实训）人数/组数			每组人数	
	实验室						

【实践教学能力目标】

认识公、母畜生殖系统各器官的形态、构造、位置以及它们之间的相互关系。

一、目的要求

认识公、母畜生殖系统各器官的形态、构造、位置以及它们之间的相互关系。

二、材料用具

显示有公、母生殖系统各器官位置关系的尸体标本；牛、羊、猪（公、母）生殖器官的离体标本。

三、实验内容

用公、母畜生殖器官的新鲜标本，先观察各器官的外形和位置，然后解剖。

（一）公畜生殖器官（图8 -7a、图8 -7b 和图8 -7c）

注意观察阴囊、睾丸、附睾、精索和输精管的形态、结构及它们之间的位置关系，并结合理论知识了解其结构的必要性与合理性。

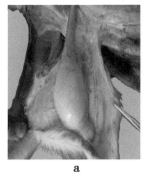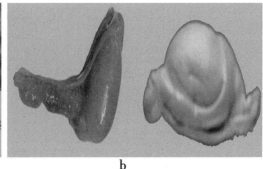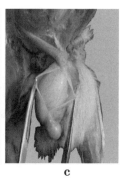

图8 -7　公畜生殖器官

（二）母畜生殖器官（图8 -8a、图8 -8b 和图8 -8c）

注意观察卵巢、子宫的形态、结构、位置及各器官之间的位置关系，注重结合书本知识掌握各种母畜之间在生殖器官上的差别，尤其是子宫和卵巢间的差别而带来的生理上的差异，便于生产里的适宜应用。

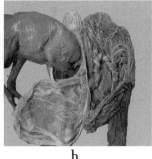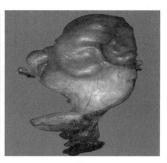

图8 -8　母畜生殖器官

四、教学组织

学生分两组，一组一小时；教师认真讲解操作规程，边讲解边演示；在学生基本清楚的情况下，教师可以进行分别指导。

【考核】

无

【实践小结】

熟悉公、母畜生殖器管形态、结构。

【作业及思考】

绘公、母畜生殖器官模式图，并标明各部分名称。

能力单元九 循环系统

任务（一） 心脏、血管

【教学内容目标要求】

教学内容：（1）心脏。

（2）血管。

（3）胎儿的血液循环特征。

目标要求：（1）熟知心房、心室、瓣膜、窦房结、房室结、心包的结构；心脏的构造；心脏的传导系统。

（2）掌握心脏的形态和位置；心壁的构造；心脏的血管。

（3）熟知动脉、静脉、大循环、小循环等的概念；大、小循环的路径；血管的种类及构造。

（4）掌握大循环血管在全身的分布；胎儿血液循环的特点。

【主要能力点与知识点应达到的目标水平】

教学内容题目	职业岗位知识点、能力点与基本职业素质点	目标水平				
		识记	理解	熟练操作	应用	分析
心脏、血管系统的构造	知识点：心血管系统的构造	√				
	能力点：掌握并熟记心血管系统的构造		√	√		
	职业素质渗透点：在自学中去领悟知识，发现问题和解决问题					√

【教学组织及过程】

学识内容

一、心脏

（一）心脏的形态位置（图9-1）

> 介绍心脏的体表投影，让学生能够在体表上找到心脏，为今后课程的学习打下基础。

位于胸腔纵隔内，夹于两肺间，略偏于左。为中空的圆锥形肌质器官。

（二）心脏的构造（图9-2）

（1）右心房：位于右心室背侧。由右心耳和静脉窦构成。

（2）右心室：有肺动脉入口。

91

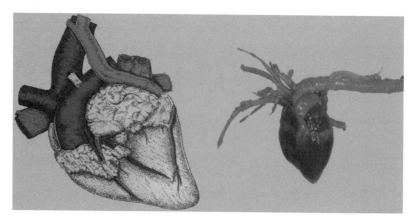

图9-1 畜禽心脏形态示意图

（3）左心房：位于左心室背侧。由左心耳和静脉窦构成。

（4）左心室：有主动脉入口。

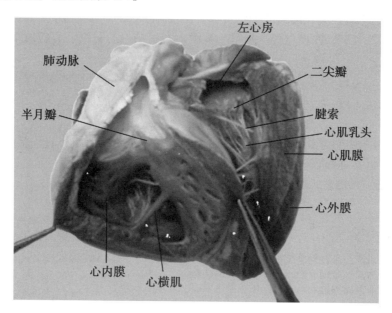

图9-2 畜禽心脏构造示意图

（三）心壁的组织构造

心壁分为3层：外层为心外膜，中层为心肌膜，内层为心内膜。

（四）心包

这是包于心脏外的锥形囊，囊壁由浆膜和纤维膜构成，有保护心脏的作用。

（五）心脏传导系统

包括窦房结、房室结、房室束、蒲肯野氏纤维几部分。

（六）心脏的血管

动脉包括左、右冠状动脉；静脉有心大静脉和心中静脉。

二、血管

（一）血管的种类及构造

（1）动脉：是引导血液出心脏，并向全身输送血液的管道。

（2）静脉：是引导血液回心脏的血管，多与动脉伴行，也分大、中、小三型。

（3）毛细血管：是管腔最细、分布范围最广的血管，连于动、静脉之间。

（二）肺循环血管

（1）肺动脉：起于右心室的肺动脉口，分为左右两支沿肺门入肺，形成毛细血管网。

（2）肺静脉：有毛细血管网汇合而成，由肺门出肺注入左心房。

（三）体循环血管（图9－3）

（1）动脉：主动脉向后为胸主动脉，然后腹主动脉。

（2）静脉：前腔静脉系、后腔静脉系。

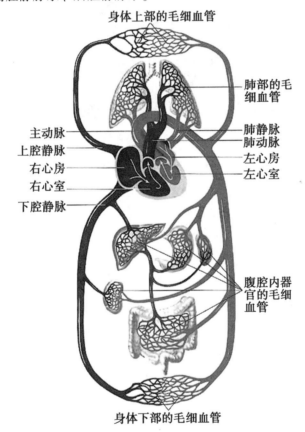

身体上部的毛细血管

肺部的毛细血管

主动脉
上腔静脉
右心房
右心室
下腔静脉

肺静脉
肺动脉
左心房
左心室

腹腔内器官的毛细血管

身体下部的毛细血管

图9－3　血液循环模式图

三、胎儿的血液循环特征（图9－4）

（一）心脏和血管的构造特点

（二）血液循环径路

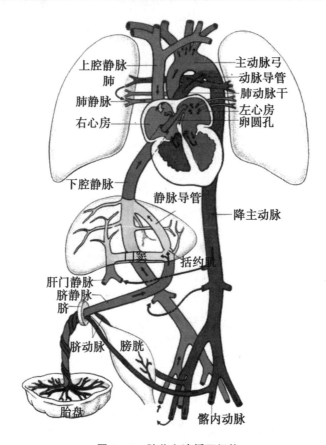

上腔静脉
肺
肺静脉
右心房
下腔静脉
主动脉弓
动脉导管
肺动脉干
左心房
卵圆孔
静脉导管
降主动脉
括约肌
肝门静脉
脐静脉
脐
脐动脉
膀胱
胎盘
髂内动脉

图 9 - 4　胎儿血液循环经络

【作业及思考】

一、名词

1. 体循环

2. 肺循环

3. 心瓣膜

4. 动脉导管

二、单选题

1. 心脏的外形呈 （　　）

A. 圆形　　　B. 倒立的圆锥形　　　C. 三角形　　　D. 长椭圆形

2. 将静脉血液输入至肺脏的血管是 （　　）

A. 肺静脉　　　B. 肺动脉　　　C. 主动脉　　　D. 肝动脉

3. 位于家畜盆腔内供应后肢血液的动脉称为 （　　）

A. 髂外动脉　　　B. 髂内动脉　　　C. 荐中动脉　　　D. 尾中动脉

4. 环绕心基部代表心房和心室分界的是 （　　）

A. 冠状沟　　　B. 左纵沟　　　C. 右纵沟　　　D. 副纵沟

三、简答题

1. 给动物口服药物，经哪些血管到达肾脏?

2. 给动物肌注药物，经哪些血管到达肺脏？

3. 胎儿血液循环有何特点？出生后发生何变化？

四、知识要点

（1）心血管系统由心脏、血管（动脉、静脉、毛细血管）和血液组成。

（2）动脉将血液从心脏导至肺和全身各部的血管。毛细血管为动脉和静脉之间的微细血管，也是血液与周围组织进行物质交换的场所。静脉将血液导回心脏的血管。

（3）血液循环（图9-5）是血液由心脏流出，经动脉到毛细血管，然后再由静脉返回心脏的过程。

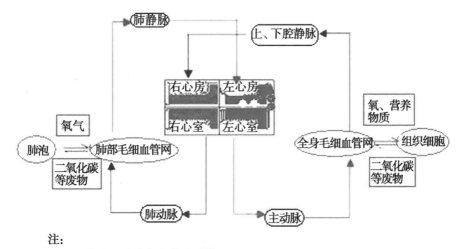

注：

1. 血管和心脏中红色代表动脉血

2. 血管和心脏中蓝色代表静脉血

图9-5 体循环和肺循环示意图

（4）体循环（大循环）为心室收缩时，富含氧和营养物质的动脉血从左心室输出，经主动脉及其各级分支到达全身各部的毛细血管，进行组织内气体和物质交换，使动脉血变为富含二氧化碳和代谢产物的静脉血，再经各级静脉，最后汇集于前、后腔静脉系，在心房舒张时流回右心房（图9-6a和图9-6b）。

（5）肺循环（小循环）为心室收缩时，体循环返回心脏的静脉血从右心室输出，经肺动脉干及其属支至肺毛细血管，在此进行气体交换，变成了含氧丰富的动脉血，然后经肺静脉流回左心房。

（6）胎儿心脏和血管构造特点包括心脏的房中膈上有一卵圆孔，沟通左右心房。主动脉和肺动脉干之间以一动脉导管连通，肺动脉干的大部分血液经此流入主动脉。胎盘是胎儿和母体进行物质交换的特有器官，以脐带和胎儿相连。脐带内有两条脐动脉和一条（马、猪）或两条（牛）脐静脉。胎儿出生后，肺和胃肠道都开始了功能活动，同时脐带中断，胎盘循环停止，血液循环随之发生改变。脐动脉和脐静脉闭锁，分别形成膀胱圆韧带和肝圆韧带。牛的静脉导管成为静脉导管索。动脉导管闭锁，形成动脉导管索或称动脉韧带。卵圆孔闭锁形成卵圆窝，左、右心房完全分开，左心房内为动脉血，右心房内为静脉血。

【小结】

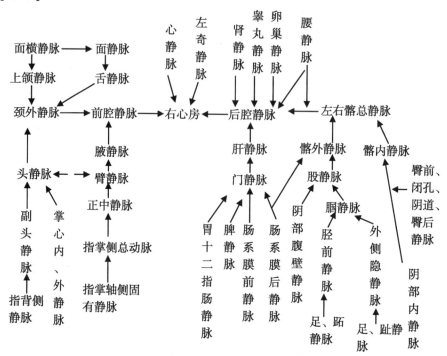

图 9-6 a　全身静脉结构图

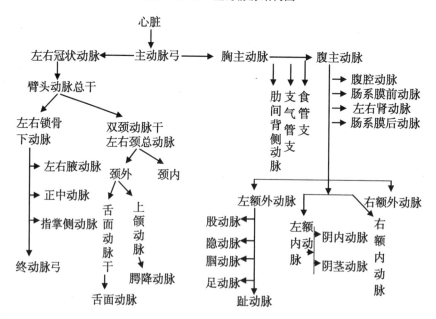

图 9-6 b　全身动脉结构图

任务（二）　心脏、血管生理和血液

【教学内容目标要求】

教学内容：（1）血液。

　　　　　（2）循环。

目标要求：（1）掌握体液与内环境，血液的组成、理化特性和功能，红细胞的生理特性，血量与血型；动脉血压的形成、正常值和影响因素；微循环的三条血流通路，组织液的生成及影响因素。

　　　　　（2）熟悉生理止血。

　　　　　（3）了解血细胞生成的调节；心功能贮备，心音。

【主要能力点与知识点应达到的目标水平】

教学内容 题　目	职业岗位知识点、能力点 与基本职业素质点	目标水平				
		识记	理解	熟练操作	应用	分析
心脏生理 血管生理	知识点：血液、循环	√				
	能力点：掌握并熟记血液何循环的特点		√		√	
	职业素质渗透点：培养自学能力。在自学中去领悟知识，去发现问题和解决问题					√

【教学组织及过程】

学识内容

提问

（1）心脏的位置。

（2）肺循环的概念。

（3）心脏的传导系统包括什么？

讲解新内容

一、血液

（一）机体的内环境（图9－7a和图9－7b）

> 了解血浆、血清的概念，知道制备血浆、血清的基本流程。

动物有机体含有大量的水分，这些水分及溶解于水中的物质总称为体液。

（二）血液的组成和理化性质

血液是由血浆和悬浮在血浆内的有形成分组成；动物体内的血液总量称为血量，是血浆量和血细胞量的总和；血浆中含90%～92%的水分，8%～10%的溶质。溶质中包括无机盐和有机物。

（三）血细胞生理

（1）红细胞：无细胞核和细胞器，呈双面凹的圆盘状。

（2）白细胞：是血液中无色、有核的细胞，体积比红细胞大。

（3）血小板：由骨髓内巨细胞的胞质脱落而成，有完整的细胞膜，无核，体积比红细胞小。

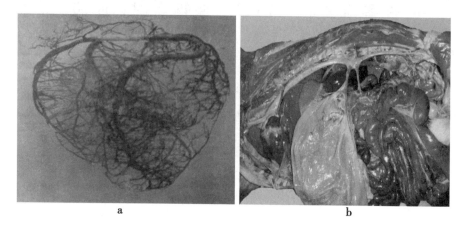

a   b

图 9 – 7　心脏传导系统

（四）生理性止血

（1）血小板的止血功能：血小板的黏附和聚集、血小板与凝血。

（2）血液凝固与抗凝：抗凝系统的作用。

（3）纤维蛋白溶解与抗纤溶：纤维蛋白溶解、抗纤溶。

（4）抗凝和促凝措施。

二、循环

（一）心脏的泵血功能

（1）心动周期：心脏从一次收缩开始到下一次收缩开始时，称为一个心动周期。

> 知道各种动物正常的心率、会正确使用听诊器。

（2）心率：动物安静时每分钟的心跳次数，简称心率。

（3）心音：是由于心脏收缩舒张过程中瓣膜关闭和血液撞击心室壁引起的振动所引起的。

> 知道动物正常的心音、会区别异常的心音。

（4）心输出量及其影响因素。

（二）心脏的生物电现象及节律性兴奋的产生和传导

（1）心肌的生物电现象。

（2）心肌的自动节律性：心肌具有自动地、节律性的能力，称为自动节律性。

（3）心肌的传导性和兴奋在心脏的传导。

（三）血管生理

（1）血管的功能特点：动脉系统、静脉系统、毛细血管、短路血管。

（2）血流阻力和血压：血液在血管系统中流动时遇到的阻力，称为血流阻力或外周阻力。

（3）动脉血压和动脉脉搏：动脉血压在血液循环中占有重要地位。

> 知道各种动物正常的脉搏以及测量脉搏的位置。

（4）静脉血压和静脉回流：左心房和胸腔内大静脉的血压称为中心静脉压。

（5）微循环：是指微动脉和微静脉之间的血液循环（图9-8）。

（6）组织液和淋巴液。

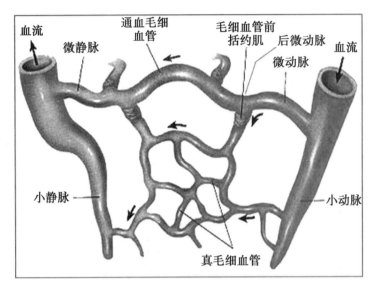

图9-8 微循环模式图

（四）心血管活动的调节（图9-9）

（1）神经调节。

（2）体液调节。

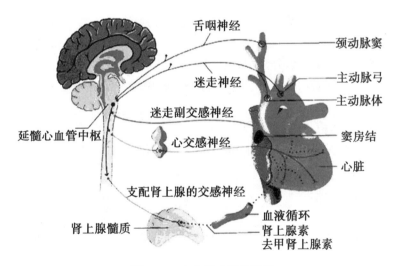

图9-9 心血管功能的调节

三、知识要点

（1）动静脉特点：都分为大、中、小3种类型，管壁都有内、中、外3层膜构成。静脉的特点是：管径较大，管壁薄，3层膜分界不明显。内膜形成成对的半月形静脉瓣，其游离缘朝向心脏，防止血液倒流（图9-10）。

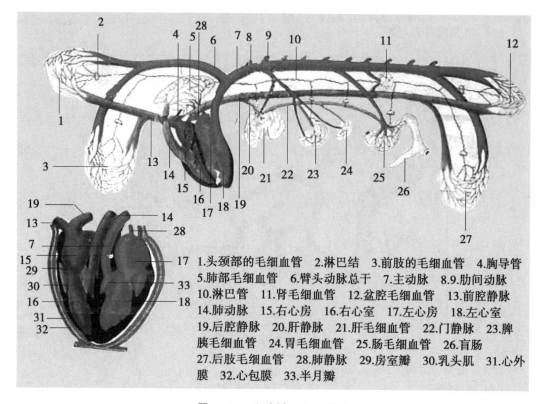

图9-10 血液循环及心脏图

1.头颈部的毛细血管 2.淋巴结 3.前肢的毛细血管 4.胸导管 5.肺部毛细血管 6.臂头动脉总干 7.主动脉 8.9.肋间动脉 10.淋巴管 11.肾毛细血管 12.盆腔毛细血管 13.前腔静脉 14.肺动脉 15.右心房 16.右心室 17.左心房 18.左心室 19.后腔静脉 20.肝静脉 21.肝毛细血管 22.门静脉 23.脾胰毛细血管 24.胃毛细血管 25.肠毛细血管 26.盲肠 27.后肢毛细血管 28.肺静脉 29.房室瓣 30.乳头肌 31.心外膜 32.心包膜 33.半月瓣

（2）微循环：由微动脉到微静脉间的微血管内的血液循环。

（3）心呈左、右稍偏的倒圆锥形，为中空的肌质性器官，外被心包。分为心基和心尖。心腔以房中膈和室中膈分为左右心房和左右心室。

（4）在纤维环上附着有3个半月形的瓣膜，称肺动脉干瓣或半月状瓣。防止血液流回心室。

（5）心壁由心外膜、心肌和心内膜构成。

（6）心脏的血管为心脏本身的血液循环称冠状循环。其动脉称为冠状动脉，静脉称心静脉。

（7）心包为包裹心脏的锥形囊，囊壁由浆膜和纤维膜组成，分为纤维性心包和浆膜性心包。

（8）主动脉为体循环动脉的总干，分为升主动脉、主动脉弓、胸主动脉和腹主动脉。

（9）体循环的静脉分为前腔静脉系、后腔静脉系、左奇静脉系和心静脉系。前腔静脉系分为前腔静脉、头部静脉和前肢的静脉。后腔静脉系：分为后腔静脉、门静脉和髂总静脉。

（10）门静脉：为引导胃、小肠、大肠（直肠后部除外）、脾和胰等的血液入肝的一条较大静脉，位于后腔静脉腹侧。由胃十二指肠静脉、脾静脉、肠系膜前静脉和肠系膜后静脉汇合而成，穿过胰环走向肝门，与肝动脉一起经肝门入肝。入肝后反复分支至窦状隙（扩大的毛细血管），最后汇合为数支肝静脉而导入后腔静脉。

【作业及思考】

一、单选题

1. 位于家畜胸腔内供应前肢血液的动脉称为（　　）

A. 锁骨下动脉　　　B. 腋动脉　　　C. 臂动脉　　　D. 正中动脉

2. 肺静脉内血液是（　　）

A. 动脉血　　　B. 混合血　　　C. 静脉血　　　D. 都不对

3. 家畜胃肠内的静脉血首先汇合成为（　　）进入肝脏。

A. 髂外静脉　　　B. 髂内静脉　　　C. 髂总静脉　　　D. 门静脉

4. 首先把血液挤压进主动脉的心腔是（　　）

A. 左心室　　　B. 右心室　　　C. 左心房　　　D. 右心房

5. 首先把血液挤压进肺动脉的心腔是（　　）

A. 左心室　　　B. 右心室　　　C. 左心房　　　D. 右心房

6. 位于家畜胸腔内供应头颈部和前肢血液的动脉称为（　　）

A. 锁骨下动脉　　　B. 臂头动脉总干　　　C. 臂动脉　　　D. 颈动脉

A. 位于两肺之间　　B. 位于胸腔内略偏左侧　　　C. 倒立的圆锥形　　　D. 位于胸纵隔内

二、判断

1. 主动脉口位于左心室，肺动脉口位于右心室。（　　）

2. 左房室口有三尖瓣，右房室口有两尖瓣。（　　）

3. 肺静脉内的血液首先流入左心房。（　　）

4. 前腔和后腔静脉内的血液首先流入右心房。（　　）

5. 家畜胎儿时期的心脏房间隔上有一个卵园窝，左右心房相通。（　　）

6. 心脏位于胸腔纵膈内，左、右肺之间，略偏左侧。（　　）

7. 毛细血管广泛分布于畜体的每个器官内。（　　）

三、简答题

1. 血细胞有哪些防御功能？

2. 哪些因素可以影响心输出量？

任务（三）　心脏观察

【实验实训八　心脏的观察】

班　级				指导教师		
时　间	年　月　日	周次		节次	实验（实训）时数	2
实验（实训）项目名称	实验实训八（1）心脏观察			实验（实训）项目类别	□课程实验　　　□课程实习 □岗位综合实训　□技能训练	
实验（实训）项目性质		□演示性　□验证性　□应用性　□设计性　□综合性				
实验（实训）组织	实验（实训）地点		同时实验（实训）人数/组数		每组人数	
	实验室					

【实践教学能力目标】

认识心脏的形态结构，了解心博动的活动规律及血液在心血管中的运行特点，并据此描述血液在全身循环运输的原理、大小循环的概念、心音、血压、脉搏的产生机制。

一、目的要求

认识心脏的形态结构，了解心博动的活动规律及血液在心血管中的运行特点，并据此描述血液在全身循环运输的原理、大小循环的概念、心音、血压和脉搏的产生机制。

二、材料用具

猪（牛）心脏、固定夹、纱布、缝合线和滤纸。

三、方法步骤

解剖心脏（图9-11）。

（1）心包。注意心包的壁层（纤维层）和紧贴心脏的心外膜之间构成心包腔，腔内有少量滑液。

（2）剥去心包，观察心脏的外形、冠状沟、室间沟、心房、心室及连接在心脏上的各类血管，并指出各自的名称及血流方向。

（3）沿右侧做纵切，切开右心房和右心室、右心室口。

①观察右心房和前、后腔静脉入口，用直尺量心房肌的厚度（记录）。

②观察右心室和肺动脉口的瓣膜，右心室壁的厚度（测量记录）、乳头肌、腱索。

③观察右房室瓣，注意腱索附着点。

（4）沿左侧做纵切，切开左心室和左心房、左房室口。

①观察左心室壁，测量其厚度并和右心室壁及心房作比较。

②观察左房室口的瓣膜，并和右房室瓣作比较。

③观察左心房，找到肺静脉的入口。

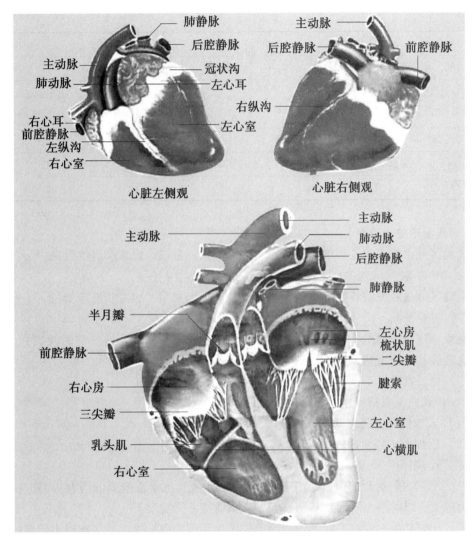

图 9-11　心脏的结构

④沿左房室瓣深面找到主动脉口并做纵形切口，观察主动脉瓣的结构。

四、教学组织

学生分两组，一组一小时；教师认真讲解操作规程，边讲解边演示；在学生基本清楚的情况下，教师可以进行分别指导。

【考核】

无

【实践小结】

熟悉心脏、血管的形态和结构。

【作业及思考】

绘图说明心脏的内部结构

2. 血细胞的观察

班　级				指导教师			
时　间	年　月　日	周次		节次		实验（实训）时数	2
实验（实训）项目名称	实验实训八（2）血细胞的观察			实验（实训）项目类别		□课程实验　　□课程实习 □岗位综合实训　□技能训练	
实验（实训）项目性质		□演示性　□验证性　□应用性　□设计性　□综合性					
实验（实训）组织	实验（实训）地点	同时实验（实训）人数/组数			每组人数		
	实验室						

【实践教学能力目标】

准确区分血液中的各类细胞的形态、构造。认识血浆、血清和纤维蛋白。

一、目的要求

准确区分血液中的各类细胞的形态、构造。认识血浆、血清和纤维蛋白。

二、材料用具

血液、试管、试管架、小烧杯、玻璃棒、抗凝血剂（草酸钠或枸橼酸钠）、显微镜、血液涂片（鸡或鸭、牛、猪或马）、柏木油、擦镜纸、二甲苯和二氯化钙。

三、方法步骤

（一）采血。采集当地主要畜禽的血液分别置入。

（1）未加抗凝血剂的试管中。

（2）已加入抗凝血剂的试管中。

（3）小烧杯中。

（二）轻轻摇动已加入抗凝血剂的试管，使血液和抗凝血剂充分混合。但应注意不可用力过大，以防溶血。而后将两试管置入试管架，待观察。

采入小烧杯中的血液，在其未凝固前即迅速用玻璃棒搅拌，并多次提出玻璃棒，轻轻拭掉玻璃棒上黏附的纤维蛋白和部分血细胞凝块，反复多次后，静置待观察。

（三）用高倍镜（或用油镜）观察血涂片，注意各种血细胞的形态、构造，区别鸡血和哺乳动物血液的不同点（图9-12）。

（1）红细胞：数量多、无核、红色、扁圆形，中央染色淡，但鸡内则有大细胞核。

（2）嗜中性粒细胞：胞质中含有淡红色微细颗粒，胞核有2~5个分叶。

（3）嗜酸性粒细胞：胞质中含有深红色大而圆的颗粒，核通常有2~3个分叶。

（4）嗜碱性粒细胞：胞质中含有粗细不等的蓝紫色颗粒，核分叶不明显。

（5）淋巴细胞：①小淋巴细胞：细胞形态小，核呈椭圆形或豆形，染成蓝色，细胞质较少，染成浅蓝色；②中或大淋巴细胞：细胞较大，细胞质较多，核周围有亮晕。

（6）单核细胞：细胞较淋巴细胞大，细胞质亦较多，细胞核呈肾形或马蹄形。

（7）血小板：体形较小，形态不规则，内含紫色颗粒，无核，常凝集成团。

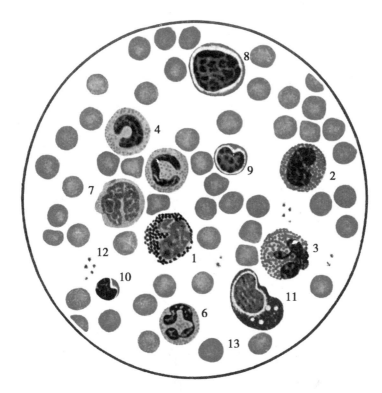

1. 嗜碱性粒细胞；2. 幼稚型嗜酸性粒细胞；3. 分叶核型嗜酸性粒细胞；4. 幼稚型嗜中性粒
细胞；5. 杆状核型嗜中性粒细胞；6. 分叶核型嗜中性粒细胞；7. 单核细胞；8. 大淋巴细胞；
9. 中淋巴细胞；10. 小淋巴细胞；11. 浆细胞；12. 血小板；13. 红细胞

图 9－12　猪血涂片

（四）观察试管和烧杯中的血液

（1）已加入抗凝血剂的试管中，血液不凝固，分为 3 层：最上层淡黄色的液体为
血浆；最下层为红细胞；中间很薄的白色层为白细胞。在试管中再加入二氯化钙，轻轻
振荡混合后，静置一段时间，可看到血液又会凝固。

（2）观察未加抗凝血剂的试管，血液已发生凝固，上层淡白色的胶体溶液即为
血清。

（3）观察小烧杯中的血液，可见不发生凝固，该血液称为去纤维蛋白血。

四、教学组织

学生分两组，一组一小时；教师认真讲解操作规程，边讲解边演示；在学生基本清
楚的情况下，教师可以进行分别指导。

【考核】

无

【实践小结】

熟悉心脏、血液的形态和结构。

【作业及思考】

绘制各种血细胞形态、构造图。

能力单元十　淋巴系统

任务（一）　淋巴系统和免疫细胞

【教学内容目标要求】

教学内容：（1）淋巴系统和免疫细胞的构成及作用。

　　　　　（2）淋巴器官。

目标要求：（1）熟知免疫、免疫监视、免疫防御、先天性免疫、获得性免疫等的概念。

　　　　　（2）淋巴系统的组成；淋巴系统的作用。

　　　　　（3）熟知胸腺、腔上囊、淋巴液、乳糜池等的概念。

　　　　　（4）中枢和周围淋巴器官的组成及功能。

【主要能力点与知识点应达到的目标水平】

教学内容 题目	职业岗位知识点、能力点 与基本职业素质点	目标水平				
		识 记	理 解	熟练 操作	应 用	分 析
淋巴器官	知识点：中枢、外周淋巴器官、免疫细胞 能力点：掌握并熟记淋巴器官的相关知识 职业素质渗透点：通过讨论交流培养学生口头表达能力和逻辑思维能力	√	√		√	√

【教学组织及过程】

学识内容

淋巴系统

一、概述

（一）淋巴系统的构成

（1）淋巴器官：包括中枢淋巴器官和周围淋巴器官。

（2）淋巴组织：包括弥散性淋巴组织、淋巴小结和淋巴索。

（3）淋巴细胞和其他免疫细胞：包括淋巴细胞、单核巨噬细胞、抗原提呈细胞、粒细胞。

（二）淋巴系统的作用

防御功能、免疫稳定、免疫监视。

二、中枢淋巴器官

（一）骨髓（图10－1）

骨髓是 B 细胞分化、成熟的地方。

（二）胸腺

1. 胸腺的形态位置

位于胸腔的心前纵隔中并延伸至颈部。幼畜发达，呈粉红色或红色，胸腺的大小和结构随年龄有很大变化，性成熟后逐渐退化。

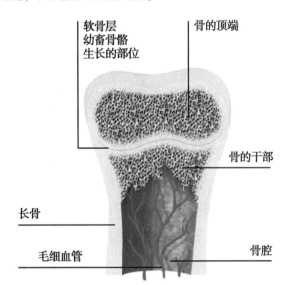

图 10－1　骨髓构造示意图

2. 胸腺的组织构造（图10－2）

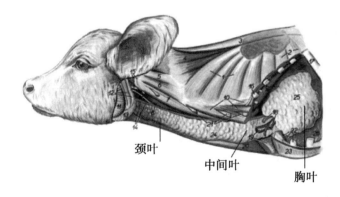

图 10－2　犊牛的胸腺

（1）皮质：以上皮性网状细胞为支架，间隙内有大量的淋巴细胞和少量的巨噬细胞。

（2）髓质：结构与皮质相似，但胸腺细胞数量较少。

（3）血－胸腺屏障：胸腺皮质的毛细血管及其周围的结构具有屏障作用，称为血－胸腺屏障。

三、周围淋巴器官

（一）淋巴结

（1）淋巴结的组织构造：由被膜和实质构成。

（2）猪淋巴结的组织构造特点：淋巴结的皮质、髓质位置正好相反。

（3）淋巴细胞再循环。

（4）淋巴结的功能：是滤过淋巴和参加免疫活动。

> 结合微生物知识进行讲解，通过讲解引起学生对微生物课程的兴趣。

（二）脾

1. 脾的形态位置（图10-3）

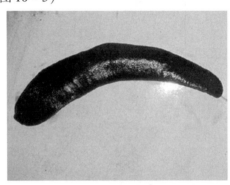

图10-3　脾的形态

2. 脾的组织构造

（1）白髓：由淋巴组织环绕动脉构成，分布于红髓之间。

（2）红髓：由脾索和脾窦组成。

3. 脾的功能：造血、滤血、贮血和调节血量、免疫。

免疫细胞

一、淋巴细胞

（1）T细胞：在骨髓内形成，胸腺内分化成熟后进入血液和淋巴，参与细胞免疫。

（2）B细胞：在骨髓和腔上囊中分化成熟，进入血液和淋巴，进行体液免疫。

（3）K细胞：能杀伤与抗体结合的靶细胞，且杀伤力较强。

（4）NK细胞：自然杀伤细胞，他不依赖于抗体，不需抗原作用即可杀伤靶细胞。

二、单核吞噬细胞系统

指分散在许多器官和组织中的一些形态不同，名称各异，但都来源于血液的单核细胞，具有吞噬能力和活体染色反应的一类细胞。

结缔组织：浆细胞；肺：尘细胞；肝：枯否氏细胞；脾、淋巴结：巨噬细胞。

血液：单核细胞；脑、脊髓：小胶质细胞。

三、抗原呈递细胞

指在特异性免疫应答中，能够摄取、处理转递抗原给T细胞和B细胞的细胞，作用过程称抗原提呈。有此作用的细胞主要有巨噬细胞和B细胞。

四、免疫细胞作用

巨噬细胞的免疫方式：

（1）直接吞噬抗原。

（2）以免疫源的形式将抗原提供给淋巴细胞群（图10-4）。

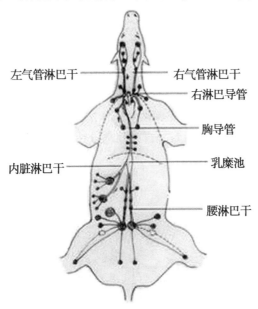

左气管淋巴干

右气管淋巴干

右淋巴导管

胸导管

内脏淋巴干

乳糜池

腰淋巴干

图 10 - 4　牛全身淋巴管示意图

五、畜体淋巴结的分布

（一）牛羊的淋巴结

1. 头部的主要淋巴结

2. 颈部淋巴结

3. 腹壁和骨盆壁的淋巴结

4. 后肢淋巴结

5. 胸腔淋巴结

6. 腹腔内脏淋巴结

（二）猪的淋巴结

1. 头部淋巴结

2. 颈部淋巴结

3. 胸腔淋巴结：包括纵膈淋巴结和气管支气管淋巴结

4. 腹腔内脏淋巴结

5. 腹壁和骨盆壁的淋巴结

6. 后肢淋巴结

> 结合动物检疫中常见淋巴结进行理解，使学生掌握常见淋巴结的体表位置及正常的组织结构。

六、淋巴和淋巴管

（一）淋巴

淋巴来自组织液，组织液来于血液，淋巴又回到血液中去，三者密切相关。

（二）淋巴管

1. 毛细淋巴管

以膨大盲端起于组织间隙，吻合成网，毛细淋巴管和毛细血管彼此相邻，不相通。

2. 淋巴管

由毛细淋巴管汇集而成，管壁薄。瓣膜很多，游离缘向心排列，防止淋巴倒流的作用。

3. 淋巴干（图 10 – 5）

（1）气管淋巴结：分左右两条，分别收集左右侧头颈、肩胛部和前肢的淋巴。

（2）腰淋巴结：收集腹壁、骨盆壁、盆腔器官、后肢及结肠后段的淋巴。

（3）腹腔淋巴结：收集腹腔相应器官组织的淋巴。

（4）肠淋巴结：收集空肠、回肠、盲肠和部分结肠的淋巴。

4. 淋巴导管

（1）右淋巴导管。

（2）胸导管：全身最大的淋巴管。

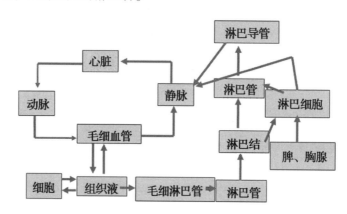

图 10 – 5　淋巴循环示意图

七、知识要点

（1）淋巴系统由淋巴管、淋巴组织和淋巴器官组成。淋巴管分为毛细淋巴管、淋巴管、淋巴干和淋巴导管。淋巴组织：富含淋巴细胞的网状组织，包括弥散淋巴组织和淋巴小结。淋巴器官主要由淋巴组织构成。分为中枢性淋巴器官（胸腺和禽类的腔上囊）和周围淋巴器官（淋巴结、血淋巴结和脾等）。

（2）脾是动物体内最大的淋巴器官。

（3）淋巴中心：在哺乳动物中，一个淋巴结或淋巴结群常位于身体的同一部位，并接受几乎相同区域的淋巴，这个淋巴结或淋巴结群就是该区的淋巴中心。

（4）畜体主要浅在淋巴结包括下颌淋巴结、腮腺淋巴结、颈浅淋巴结、髂下淋巴结和腹股沟浅淋巴结。

（5）畜体主要深在淋巴结包括咽后淋巴结、颈深淋巴结、肺淋巴结、肝淋巴结、脾淋巴结、肠淋巴结、肠系膜前淋巴结、髂内淋巴结和髂外淋巴结。

【作业及思考】

一、名词解释

1. 淋巴液

2. 胸导管

3. 乳糜池

二、单选题

1. 淋巴液来自（　）

A. 组织液　　　B. 血液　　　C. 细胞内液　　　D. 脑脊液

2. 位于肩关节前上方的淋巴结是（　）

A. 股前淋巴结　B. 颌下淋巴结　　C. 颈浅淋巴结　　D. 腘淋巴结

3. 位于乳房基部后上方的淋巴结是（　）

A. 腘淋巴结　　B. 腹股沟浅淋巴结　C. 颌下淋巴结　D. 髂下淋巴结

4. 淋巴器官中有造血和滤血功能的器官是（　）

A. 脾　　B. 胸腺　　C. 扁桃体　　D. 淋巴结

5. 位于下颌间隙的淋巴结是（　）

A. 颈浅淋巴结　B. 颌下淋巴结　C. 腹股沟浅淋巴结　D. 腮淋巴结

6. 具有血淋巴结的动物有（　）

A. 猪　　　B. 牛　　　C. 狗　　　D. 鸡

7. 中年家畜体内最大的淋巴器官是（　）

A. 脾　　　B. 血淋巴结　　　C. 淋巴结　　　D. 胸腺

8. 家畜体内收集淋巴液最广泛的器官是（　）

A. 淋巴管　B. 乳糜池　C. 淋巴干　　D. 胸导管

9. 家畜体内性成熟后逐渐退化并消失的器官是（　）

A. 淋巴结　　B. 脾　　C. 扁桃体　　D. 胸腺

10. 位于瘤胃左侧唯一的器官是（　）

A. 淋巴结　　B. 脾　　C. 结肠　　D. 空肠

11. 下列关于羊的脾脏外形描述正确的是（　）

A. 钝三角形　B. 狭而长　C. 镰刀形　D. 椭圆形

三、判断题

1. 胎儿出生后，骨髓是唯一的造血器官，脾脏只具有免疫的功能。（　）

2. 脾是成年畜体体内最大的淋巴器官。（　）

3. 淋巴液的流动是从外周向中心流动，不能倒流，因为淋巴管内有瓣膜的缘故。
（　）

四、简答题

1. 胸腺和法氏囊的镜下构造有何不同？

2. 简述淋巴细胞的分类及特点。

任务（二）　淋巴结和脾组织构造的观察

【实验实训九　淋巴结和脾组织构造的观察】

班　级				指导教师			
时　间	年　月　日	周次		节次		实验（实训）时数	2
实验（实训）项目名称	实验实训九　淋巴结和脾组织构造的观察			实验（实训）项目类别		□课程实验　　□课程实习 □岗位综合实训　□技能训练	
实验（实训）项目性质		□演示性　□验证性　□应用性　□设计性　□综合性					
实验（实训）组织	实验（实训）地点		同时实验（实训）人数/组数			每组人数	
	实验室						

【实践教学能力目标】

掌握淋巴结和脾的组织构造（图 10 - 6）。

一、目的要求

掌握淋巴结和脾的组织构造。

二、材料用具

淋巴结和脾组织切片、显微镜。

三、实训方法

（一）先用低倍镜后用高倍镜观察淋巴结的下列构造

整个淋巴结外面，包着一层被膜。

注意由血管、淋巴管出入的地方，即为淋巴结门。

淋巴结的外周染色较深部分，是皮质部，内有球形小体，叫淋巴小结，小结中央染色较淡，叫生发中心。淋巴小结周围的空隙是皮质淋巴窦。

皮质以内染色较浅的部分，是髓质部，内有许多不规则的淋巴组织，叫髓索。分布于髓质之间的小块，叫小梁。髓索与小梁之间稀疏的部分，叫髓质淋巴窦。

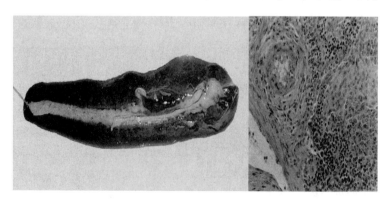

图 10 - 6　脾脏形态和组织切片示意图

（二）先用低倍镜后用高倍镜观察脾的下列构造

脾外面的被膜及被膜伸入脾内的小梁。

在切片上可见到许多呈球形的脾小结及通过脾小结的中央动脉。

脾小结之间，有带红色的淋巴组织，叫红髓，内有血窦。

四、教学组织

学生分两组，一组一小时；教师认真讲解操作规程，边讲解边演示；在学生基本清楚的情况下，教师可以进行分别指导。

【考核】

无

【实践小结】

熟悉淋巴系统形态和结构。

【作业及思考】

在低倍镜下绘淋巴结和脾的组织构造图。

能力单元十一　神经系统

任务（一）　神经系统概述

【教学内容目标要求】

教学内容：（1）神经元与神经胶质细胞的功能。

（2）突触传递。

（3）反射。

（4）神经系统的感觉分析功能。

（5）神经系统对躯体运动的调节。

（6）神经系统对内脏活动的调节。

（7）条件反射。

目标要求：（1）熟知反射、条件反射、非条件反射等的概念；神经系统对内脏活动的调节；大脑皮质的机能。

（2）掌握神经系统活动的基本形式；神经纤维的机能；皮质下各级中枢的机能；神经纤维和神经系统对机体活动的调节作用。

（3）了解条件和非条件反射对机体生理活动的意义。

【主要能力点与知识点应达到的目标水平】

教学内容题目	职业岗位知识点、能力点与基本职业素质点	目标水平				
		识记	理解	熟练操作	应用	分析
神经系统概述	知识点：神经生理	√				
	能力点：掌握并熟记神经生理的知识		√		√	
	职业素质渗透点：通过学习了解机体处于一个有机的完整的机体之中					√

【教学组织及过程】

学识内容

一、神经元与神经胶质细胞的功能

（一）神经元的基本功能

（二）神经纤维的兴奋传导（图11-1和图11-2）

（1）神经纤维传导兴奋的特征：完整性、绝缘性、双向性、相对部疲劳性、不衰减性。

（2）传导速度与神经纤维直径的关系：直径越大，传导速度越快。

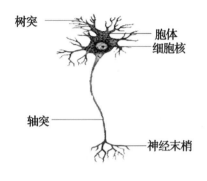

图11-1　神经元的结构

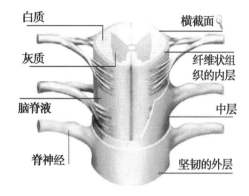

图11-2　神经系统结构

二、突触传递

（一）突触的分类：轴-树突触、轴-体突触、轴-轴突触

（二）突触的微细结构

（1）突触前膜：有兴奋性介质或抑制性介质。

（2）突触间隙：突触前膜和突触后膜之间的空隙。

（3）突触后膜：上有受体。

（三）化学性突触传递的机理

（1）兴奋性突触传递。

（2）抑制性突触传递。

（3）动作电位在突触后神经元的产生。

（四）突触传递的特性：单向传布、突触延搁、总和、对内环境变化敏感和易疲劳。

（五）神经递质及受体：乙酰胆碱及其受体、儿茶酚胺及其受体。

三、反射

（1）反射和反射弧：反射是指机体在中枢神经系统参与下，对内外环境所作出的规律性应答。

（2）中枢兴奋过程的特征：单向传导、延搁、总和、扩散和集中。

四、神经系统的感觉分析功能

（1）感受器：动物接受外界事物和机体内环境中的各种各样的刺激的器官。

（2）感觉投射系统：特异性投射系统、非特异性投射系统。

（3）大脑皮层的感觉代表区。

五、神经系统对躯体运动的调节（图11-3和图11-4）

（1）脊髓：屈肌反射、牵张反射和肌紧张。

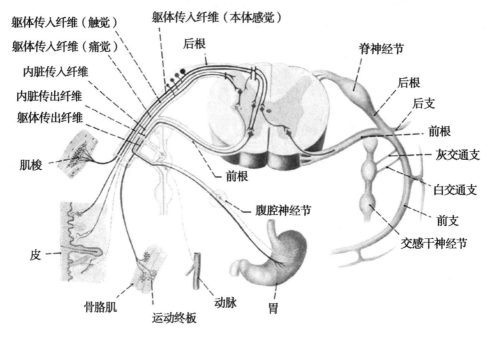

图 11 - 3 神经系统传导示意图

图 11 - 4 脊神经的组成和分布模式图

（2）脑干：延髓、脑桥、中脑、间脑。

（3）小脑：躯体平衡。

（4）大脑：锥体系统、锥体外系统。

六、神经系统对内脏活动的调节

（1）植物性神经系统的概念和功能。

（2）植物性神经对效应器的支配特点。

（3）植物性功能的中枢性调节。

七、条件反射

（1）非条件反射与条件反射的区别。

（2）条件反射的形成：条件刺激和非条件刺激在时间上的结合。

（3）影响条件反射形成的因素：刺激、机体。

（4）条件反射的生物学意义。

在畜牧兽医生产上如何运用条件反射为我们服务。

八、知识要点

1. 神经系统包括脑和脊髓，以及与脑、脊髓相连并分布全身。各处的周围神经。按位置、结构和功能分为中枢神经系统和周围神经系统。周围神经分为躯体神经和植物性神经。躯体神经位于体表、骨、关节和骨骼肌；植物性神经位于内脏、心血管和腺体。植物性神经分交感神经和副交感神经。

2. 神经系统主要由神经组织组成，神经组织包括神经细胞（神经元）和神经胶质。神经元结构分为胞体［细胞膜、细胞质（神经浆）和细胞核］和突起（树突和轴突）。神经元根据神经元突起多寡分为假单极神经元（属于感觉）、双极神经元和多级神经元（属运动和联络）。根据神经元功能分为感觉神经元（传入神经元）、运动神经元（传出神经元）和联络神经元（中间神经元）。

3. 神经元的轴突和长的周围突外面通常包有髓鞘和神经膜，称神经纤维。一个神经元与另一个神经元之间的任何部分的功能接触点，称为突触。

4. 神经系统基本活动方式是反射，形态基础是反射弧。

5. 脑分为大脑、小脑和脑干［延髓、脑桥、中脑、（间脑）］。在大脑纵裂深部，有连接两半球的白质板，称为胼胝体。

6. 延髓位于脑的最后部，前接脑桥，后连脊髓。脑桥位于小脑腹侧，前接中脑，后连延髓。两侧有粗大的三叉神经根发出。第四脑室位于延髓、脑桥和小脑之间的空隙，前通中脑导水管，后接脊髓中央管。分为顶壁、侧壁和底壁。

7. 小脑略呈球形，位于延髓和脑桥背侧，构成第四脑室顶壁。

8. 间脑位于中脑和大脑半球之间，分为丘脑、上丘脑、下丘脑、底丘脑。室腔为第三脑室。体，为内分泌腺。

9. 每侧大脑半球包括嗅脑、大脑皮质和白质、基底核和侧脑室。有脑膜、脑血管和脑脊液。

10. 脑外面包有三层膜，脑硬膜、脑蛛网膜、脑软膜。

11. 脑的血液来自颈内动脉、枕动脉和椎动脉。在脑底汇合成动脉环，围绕垂体。

12. 脑脊液是由各脑室脉络丛产生的无色透明液体，充满各脑室及蛛网膜下腔。

【作业及思考】

一、名词解释

1. 反射

2. 条件反射

3. 非条件反射

4. 神经系统

5. 灰质

6. 白质

7. 神经

8. 神经节

9. 植物性神经

10. 蛛网膜

11. 脑脊液

12. 脑神经

13. 视网膜

二、选择填空题

1. 脊柱的背侧内有_____（感觉神经元；运动神经元；联合神经元）；腹根内有_____（感觉神经纤维；运动神经纤维）。

2. 脑脊液存在于_____（硬膜外腔；蛛网膜下腔）。

3. _____（丘脑下部，丘脑）是把除_____（视；嗅；味）觉以外的所有感觉传递到大脑皮层中的中转站。

4. 与交感神经相比，副交感神经节前纤维较_____（长；短），节后纤维较_____（长；短）。

5. 绝大多数的副交感神经纤维是经过_____（动眼神经；舌咽神经；迷走神经）抵达效应器的。

6. 由于_____（胆碱脂酶；单胺氧化酶）的作用，胆碱能纤维末梢积放的乙酰胆碱可以_____（持续存在；很快灭活）。

三、简述

1. 交感神经和副交感神经的功能有何不同？其生理意义是什么？

2. 外周神经的分布及其生理机能？

3. 当家畜腰荐部脊髓发生挫伤时，受损以下部位的感觉和运动会发生什么变化？为什么？

任务（二）　　中枢、外周神经及其生理功能

【教学内容目标要求】

教学内容：（1）中枢神经。

　　　　　（2）外周神经。

目标要求：（1）熟知神经系统、血脑屏障等的概念，脑的分类及其形态、位置、构造及功能；外周神经的分布及其生理机能。

　　　　　（2）掌握脊髓的形态和结构。

【主要能力点与知识点应达到的目标水平】

教学内容题目	职业岗位知识点、能力点与基本职业素质点	目标水平				
		识记	理解	熟练操作	应用	分析
神经系统的构造	知识点：中枢神经、外周神经 能力点：掌握并熟记中枢、外周神经的知识 职业素质渗透点：通过学习了解机体处于一个有机的完整的机体之中	√	√	√		√

【教学组织及过程】

学识内容

一、中枢神经

（一）脊髓（图 11 – 5）

1. 脊髓的形态和位置

位于椎管内，自枕骨大孔后缘向后伸延至荐部。

2. 脊髓的内部构造

（1）灰质：有两个显著的突出部：背角和腹角。

（2）白质：主要有神经纤维构成，被灰质柱分成 3 个索：背侧索、腹侧索、外侧索。

（二）脑（图 11 – 6）

（1）延髓：后端在枕骨大孔与脊髓相连，前端与脑桥相接，背侧面被小脑覆盖。

（2）脑桥：位于延髓前方，背侧面构成第四脑室底壁的前部。

（3）中脑：位于脑桥前方，内有中脑导水管，后于第 4 脑室相通，前于第 3 脑室相通。

（4）间脑

①丘脑：为一对略呈乱圆形灰质核团。

②第 3 脑室：后通中脑导水管，前通左右大脑的侧脑室。

③丘脑下部：是植物性神经的重要中枢。

（5）小脑：位于延髓核脑桥的背侧，分为左右两侧，中间为蚓部。

（6）大脑：位于脑干前方，由一深的纵沟分为左右大脑半球。

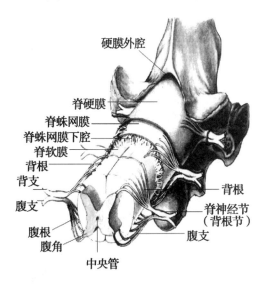

图 11 – 5　脊髓及脊髓膜的形态和结构

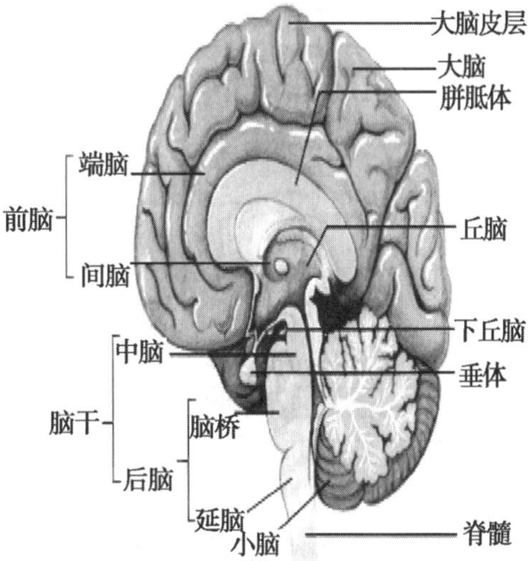

图 11 – 6　脑形态和结构

（三）脑脊液和脑脊膜

（1）软膜：紧贴于脑脊髓的表面，并随血管分支深入脑脊髓形成一鞘围于小血管的外面。

（2）蛛网膜：包围于软膜的外面，蛛网膜与软膜之间的腔隙，称为蛛网膜下腔，内含脑脊液。

（3）硬膜：包围于蛛网膜外面。

（4）脑脊液：各脑室脉络丛产生的无色透明的液体。

（四）脑、脊髓血管

二、外周神经（图11-7）

（一）脑神经

一嗅二视三动眼，四滑五叉六外展，

七面八听九舌咽，十迷一副舌下全。

（二）脊神经

（1）躯干部的神经

颈神经、膈神经、肋间神经、髂下腹神经、髂腹股沟神经、精索外神经、阴部神经、直肠后神经。

（2）前肢神经

肩胛上神经、肩胛下神经、腋神经、桡神经、尺神经、正中神经。

（3）后肢神经

股神经、坐骨神经。

（三）内脏神经

（1）内脏神经和躯干神经的区别。

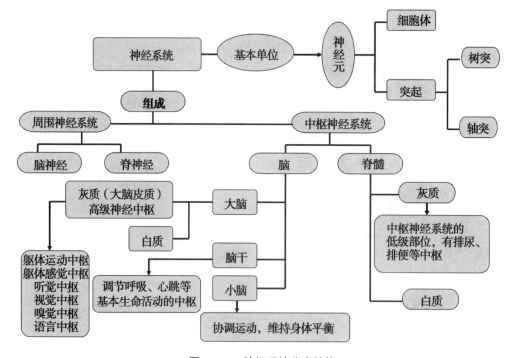

图11-7 神经系统分支结构

（2）交感神经：中枢、交感神经元、内脏神经和椎下神经节。

（3）副交感神经：中枢、荐部副交感神经、颅部副交感神经、迷走神经。

三、知识要点

（1）常用语：灰质由位于中枢神经系统内的神经元胞体和树突构成，富有血管。白质由各种神经纤维在中枢神经系统内聚集而成。由中枢起止，且行程和功能均相同的神经纤维集合成束，叫纤维束或传导束。功能相同的神经元胞体在中枢集合一起，叫神经核。功能相同的神经元胞体在周围神经系集合一起，叫神经节。灰质和白质混杂一起，神经纤维交错成网，神经元胞体散在其中，形成网状结构。

（2）脊髓有两个膨大，颈膨大和腰膨大。腰膨大之后则逐渐缩小呈圆锥状，称脊髓圆锥。在胚胎发育过程中，脊柱比脊髓生长快，脊髓逐渐短于椎管，荐神经和尾神经自脊髓发出后要在椎管中向后伸延一段，才能达到其相应的椎间孔。因而脊髓圆锥周围排列有较长的神经，形成马尾。脊髓表面的沟分为腹正中裂、背正中沟、背外侧沟，腹外侧沟。

（3）灰质分为背侧柱、腹侧柱、外侧柱。白质分为背侧索、腹侧索、外侧索。

（4）脊髓外面被覆有三层结缔组织膜，总称为脊膜。从内向外为脊软膜、脊蛛网膜、脊硬膜。

（5）脊神经是混合神经，含有感觉神经纤维和运动神经纤维。每种神经纤维分为躯体和内脏两部分。

（6）臂神经丛由第6~8颈神经和第1、第2胸神经的腹侧支形成，有8个分支：肩胛上神经、肩胛下神经、腋神经、肌皮神经、胸肌神经、桡神经、尺神经和正中神经。

（7）腰神经丛有6个分支包括髂腹下神经、髂腹股沟神经、生殖股神经、股外侧皮神经、股神经和闭孔神经。

（8）荐神经丛有5个分支包括臀前神经、臀后神经、阴部神经、直肠后神经和坐骨神经。坐骨神经为全身最粗大的神经，来自第6腰神经和第1、第2荐神经腹侧支，由坐骨大孔出盆腔，沿荐结节阔韧带外侧面走向后下方，分出小支到髋关节及闭孔肌。坐骨神经主要分支：股后皮神经、腓总神经、胫神经。

（9）脑神经共有12对：嗅神经、视神经、动眼神经、滑车神经、三叉神经、外展神经、面神经、前庭耳蜗神经、舌咽神经、迷走神经、副神经、舌下神经（一嗅二视三动眼，四滑五叉六外展，七面八庭九舌咽，十迷副神舌下全）。

（10）三叉神经为混合神经，是最大的脑神经。分为3支：眼神经、上颌神经、下颌神经。

（11）植物性神经系统是指分布到内脏器官、血管和皮肤的平滑肌以及心肌、腺体的神经。即内脏神经系统，也称自主神经系统。分为交感神经和副交感神经。

（12）植物性神经和躯体运动神经的区别：①支配的对象不同：躯体神经支配骨骼肌，植物神经支配平滑肌、心肌和腺体；②传导的过程不同：躯体神经自中枢到效应器只经过一个运动神经元，植物神经由两个神经元完成；③分布的形式不同：躯体神经以神经干的形式分布，植物性神经节后纤维攀附于脏器或血管周围形成神经丛，由丛再发出分支至效应器；④纤维的结构不同：躯体神经的纤维一般是较粗的有髓纤维，植物神经的节前纤维是细的有髓纤维，而节后纤维是细的无髓纤维；⑤受意识支配的程度不同：躯体神经一般都受意识支配，而植物性神经在一定程度上不受意识的直接控制。

（13）交感神经和副交感神经的主要区别：①中枢的部位不同：交感神经的低级中枢在脊髓颈8至10或胸1至腰3节段的灰质外侧柱。副交感神经的低级中枢位于脑干和脊髓的荐1（2）～3（4）节段；②周围神经节部位不同：交感神经节位于脊柱的两旁（椎旁节）和脊柱的腹侧（椎下节）。副交感神经节位于所支配器官的附近（器官旁节）和器官壁内（器官内节）；③节前和节后神经元的比例不同：一个交感节前神经元的轴突可与许多节后神经元形成突触；而一个副交感神经节前神经元的轴突则与较少的节后神经元形成突触；④分布的范围不同：交感神经的分布范围较广，除分布于胸、腹腔内脏器官外，遍及头颈各器官以及全身的血管和皮肤。大部分血管、汗腺、立毛肌、肾上腺髓质都无副交感神经。⑤对同一器官所起作用不同：机体活动增强时，交感神经活动加强，副交感神经减弱，出现心跳加快、血压升高、支气管扩张和消化活动受抑制等现象。机体处于安静或休息时，副交感神经活动加强，交感神经被抑制，出现心跳减慢、血压下降、支气管收缩和消化活动增强等现象。

（14）感觉传导路为感受器经周围神经、脊髓、脑干到大脑皮质或小脑皮质的神经通道。

（15）运动传导路为大脑皮质经脑干、脊髓、周围神经到效应器的神经通路。

【作业及思考】

一、单选题

1. 脑内部的白质是（　　）

A. 神经细胞体　　　B. 神经细胞核　　　C. 神经纤维　　　D. 神经核

2. 脊神经节位于脊髓的（　　）上

A. 背根　　B. 腹根　　　C. 背侧支　　　　D. 腹侧支

3. 脊硬膜与蛛网膜之间形成的腔称（　　）

A. 硬膜外腔　　B. 硬膜下腔　　C. 蛛网膜下腔　　　D. 中央管

4. 脊蛛网膜与脊软膜之间形成的腔称（　　）

A. 硬膜外腔　　B. 硬膜下腔　　C. 蛛网膜下腔　　　D. 中央管

5. 脊硬膜与椎管之间形成的腔称（　　）是临床麻醉脊神经之处

A. 硬膜外腔　　B. 硬膜下腔　　C. 蛛网膜下腔　　　D. 中央管

6. 位于交感神经干上椎神经节内的神经元是（　　）

A. 交感节前神经元　B. 交感节后神经元　C. 副交感节前神经元　D. 副交感节后神经元

7. 脊神经节内是（　　）的胞体

A. 感觉神经元　　B. 运动神经元　　C. 中间神经元　　D. 植物性神经元

8. 位于胸腰段脊髓灰质外侧柱内的神经元是（　　）

A. 交感节前神经元　B. 交感节后神经元　C. 副交感节前神经元　D. 副交感节后神经元

二、简答题

1. 临床做腹壁手术应局部麻醉哪些神经？

2. 试述在腹壁侧做手术，如麻醉不好会引起家畜骚动的全过程。

3. 植物性神经和躯体神经有哪些不同？

任务（三）　脑、脊髓形态构造和外周神经的观察

【实验实训十　脑、脊髓形态构造和外周神经的观察】

班　级				指导教师			
时　间	年　月　日	周次		节次		实验（实训）时数	2
实验（实训）项目名称	实验实训十　脑、脊髓形态构造和外周神经的观察			实验（实训）项目类别		□课程实验　　□课程实习 □岗位综合实训　□技能训练	
实验（实训）项目性质		□演示性　□验证性　□应用性　□设计性　□综合性					
实验（实训）组织	实验（实训）地点		同时实验（实训）人数/组数		每组人数		
	实验室						

【实践教学能力目标】

掌握脑、脊髓形态构造和外周神经的组织构造。

一、目的要求

1. 掌握脑和脊髓的形态结构

2. 基本掌握外周神经的位置及其分布

二、材料用具

脑模型、脑和脊髓浸制标本。

脑正中矢状面显示脑各部构造和脑室的标本。

脑脊髓形态构造标本、脑干的标本。

示外周神经的尸体标本及有关挂图。

三、实训方法

（一）先观察脊髓的下列构造（图11－8）

（二）再观察脑的下列构造

马脑（底面）结构示意图（图11－9）。

四、教学组织

学生分两组，一组一小时；教师认真讲解操作规程，边讲解边演示；在学生基本清楚的情况下，教师可以进行分别指导。

【考核】

无

【实践小结】

熟悉神经系统的形态和结构。

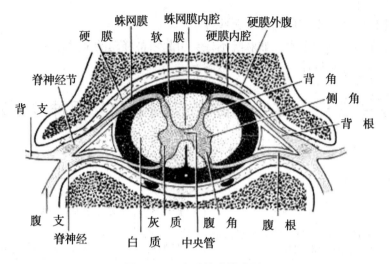

图 11 –8　脊髓构造模式图

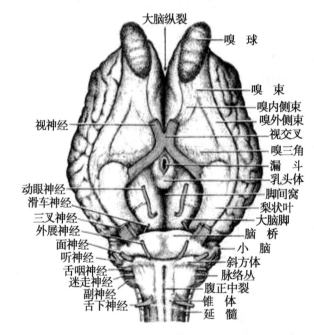

图 11 –9　马脑（底面）结构示意图

【作业及思考】

在低倍镜下绘淋巴结和脾的组织构造图。

能力单元十二　内分泌系统

【教学内容目标要求】

教学内容：（1）甲状腺；甲状旁腺。

　　　　　（2）肾上腺；胰腺；性腺。

目标要求：（1）掌握甲状腺、甲状旁腺、肾上腺的位置、形态、构造及它所分泌的激素及其生理功能。

　　　　　（2）掌握胰岛、性腺的位置、形态、构造及它所分泌的激素及其生理功能。

【主要能力点与知识点应达到的目标水平】

教学内容题目	职业岗位知识点、能力点与基本职业素质点	目标水平				
		识记	理解	熟练操作	应用	分析
内分泌系统	知识点：甲状腺、甲状旁腺、肾上腺、胰腺、性腺	√				
	能力点：掌握并熟记甲状腺、甲状旁腺、肾上腺、胰腺、性腺的位置结构及所分泌的激素及其生理功能		√		√	
	职业素质渗透点：通过学生理解激素的调节作用，了解激素间的相互作用、激素调节和神经调节的关系，使学生进一步树立生物体是统一整体的观点					√

【教学组织及过程】

学识内容

一、甲状腺

（一）形态位置和组织构造

1. 形态位置

（1）位置：位于喉后方，气管的两侧及腹面。

（2）形状：马卵圆形、牛不规则的三角形。

2. 组织构造

（1）被膜：薄的致密结缔组织。

（2）小叶和滤泡：小叶中含有大小不一的滤泡，滤泡内有胶体，周围有基膜和少量结缔组织。

（二）甲状腺的内分泌功能

1. 甲状腺结构特点（图 12 – 1a）

 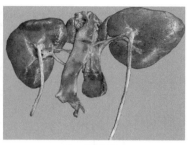

a 甲状腺   b 肾上腺

图 12 – 1　甲状腺和肾上腺结构示意图

滤泡细胞分泌甲状腺素；滤泡旁细胞分泌降钙素。

2. 甲状腺激素的生理作用

甲状腺激素（T_3、T_4）的作用很广，影响到畜体的生长发育、组织分化、能量代谢、物质代谢，也涉及到多种器官和系统的功能。动物换毛、长齿、长角及性器官发育都受甲状腺激素的影响。

降钙素（CT）减弱溶骨过程，增强成骨过程，促进骨钙化，降低血钙、血磷，抑制肾小管对钙、磷、钠、氯的重吸收，促使这些粒子从尿排出。

二、甲状旁腺

（一）形态位置

位置：位于甲状腺附近。

形状：呈圆形或椭圆形，一般有 2 对。

（二）组织构造

外面有一层结缔组织被膜，实质内的细胞排列成团块状或索状。主要细胞是主细胞（数量多）、嗜酸性细胞（数量较少）。

（三）甲状旁腺的内分泌机能

1. 甲状旁腺的结构与分泌特点

主细胞：分泌甲状旁腺激素（PTH）。

2. 甲状旁腺激素的作用

甲状旁腺激素（PTH）：调节血钙血磷水平的最重要的激素，它与降低降钙素和维生素 D_3，共同起调节钙、磷代谢，控制血浆中钙和磷水平的作用。

三、肾上腺

（一）形态位置

形态：牛右呈心形，左呈肾形；猪狭长；马长扁圆形。

位置：成对，位于肾的内前方。

（二）组织构造（图 12 – 1b）

1. 皮质部

（1）多形区：分泌盐皮质激素。

（2）束状区：分泌糖皮质激素。

（3）网状区：分泌雌激素和雄激素。

2. 髓质部（图12－2）

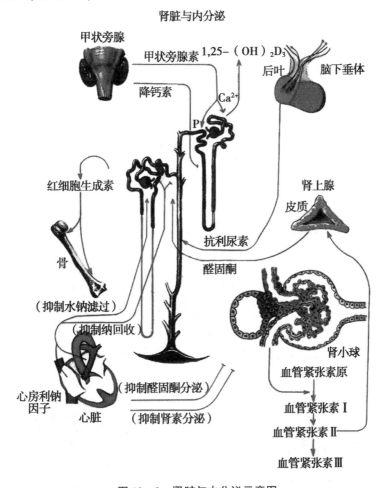

图12－2　肾脏与内分泌示意图

分泌肾上腺素和去甲肾上腺素。

（三）肾上腺皮质激素的作用

盐皮质激素：调节水盐代谢。

糖皮质激素：调节机体的物质代谢、水盐代谢、血细胞代谢、调节心血管、增强机体抵抗力、促进胎儿肺表面活性物质合成、增强骨骼肌收缩力、提高胃肠细胞对迷走神经和胃泌素的反应性，增加胃酸和胃蛋白酶原的分泌，抑制骨的形成。

（四）肾上腺髓质激素的作用

去甲肾上腺素和肾上腺素都是在动物遇到紧急状态时分泌加强，前者主要与循环的调整有关，后者主要与代谢变化有关。

四、胰腺的内分泌机能

（一）胰腺内分泌组织的结构与分泌特点

外分泌部：腺泡和导管构成。

内分泌部：内有胰岛细胞。

（二）胰岛激素的作用

主要是调节糖代谢。

五、性腺的内分泌机能

（一）性腺内分泌的结构和分泌特点

性腺是雄性睾丸和雌性的卵巢的统称。

（二）性激素的作用（图 12 - 3）

> 重点介绍各种性激素的作用，为畜禽繁育课程服务

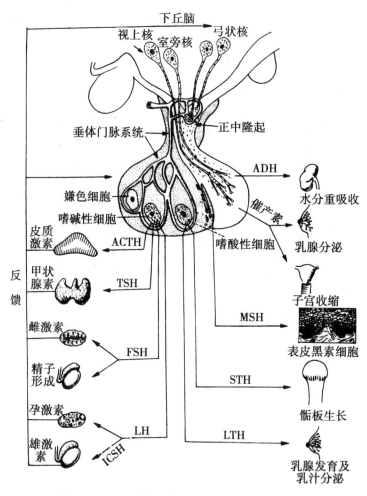

图 12 - 3　下丘脑与垂体的激素对靶器官作用示意图

六、知识要点

1. 垂体位于脑的底部，蝶骨构成的垂体窝内，借漏斗连于下丘脑。

2. 甲状腺位于喉的后方，前 3 ~ 4 个器官环的两侧和腹侧。

3. 甲状旁腺位于甲状腺附近或埋于甲状腺组织中。

4. 肾上腺成对，位于肾的前内侧。

5. 松果体又称脑上腺，位于四迭体与丘脑之间，以柄连于丘脑上部。

【作业及思考】

一、单选择

1. 下列何种腺体不是内分泌腺（　　）

A. 脑垂体　　　　B. 腮腺　　　　C. 甲状腺　　　　D. 肾上腺

2. 下列何种腺体不是内分泌腺（　　）

A. 脑垂体　　　　B. 甲状旁腺　　C. 副性腺　　　　D. 松果体

3、下列哪些是内分泌腺体（　　）

A. 唾液腺　　　　B. 胃肠腺　　　C. 胸腺　　　　　D. 肾上腺

二、多选题

1. 下列腺体哪些属于内分泌腺（　　　　）

A. 脑垂体　　B. 甲状腺　　C. 腮腺　　　D. 乳腺　　　E. 肾上腺

2. 下列腺体哪些属于内分泌腺（　　　　）

A. 脑垂体　　B. 甲状腺　　C. 甲状旁腺　　　D. 松果体　　　E. 肾上腺

3. 下列腺体哪些属于内分泌腺（　　　　）

A. 副性腺　　B. 甲状腺　　C. 下颌腺　　　D. 皮肤腺　　　E. 肾上腺

4. 位于脑部的内分泌腺有（　　）

A. 脑垂体　　B. 甲状腺　　C. 松果体　　D. 肾上腺

三、填空题

1. 位于肾脏附近的内分泌腺是_____。

2. 位于脑部的内分泌腺有_____和_____。

3. 位于喉部的内分泌腺有_____和_____。

4. 内分泌腺没有腺导管，其分泌物称_____，直接扩散到血液发挥重要作用。

5. 位于丘脑下部的内分泌腺是_____。

四、简答题

1. 简述内分泌腺和外分泌腺的区别，并举出至少3种内分泌腺和外分泌腺的名称？

2. 甲状腺和甲状旁腺的组织构造有何不同？

3. 性激素是由哪些分泌细胞分泌？各有何生理意义？

4. 肾上腺皮质部与髓质部的组织构造有何不同？

能力单元十三　感觉器官

任务（一）　视觉器官

【教学内容目标要求】

教学内容：（1）眼球壁的结构。

（2）脉络膜、睫状体、虹膜、角膜、巩膜的位置。

（3）眼球肌的分布。

目标要求：（1）熟知眼球壁的结构。

（2）掌握脉络膜、睫状体、虹膜、角膜、巩膜的位置。

（3）掌握眼球肌的分布。

【主要能力点与知识点应达到的目标水平】

教学内容题目	职业岗位知识点、能力点与基本职业素质点	目标水平				
		识记	理解	熟练操作	应用	分析
视觉器官	知识点：眼球壁的结构	√				
	能力点：掌握脉络膜、睫状体、虹膜、角膜、巩膜的位置		√		√	
	职业素质渗透点：了解视觉器官的意义					√

【教学组织及过程】

学识内容

视觉器官能感受光的刺激，经视神经传到神经中枢，而引起视觉。眼是结构极其复杂的感觉器官，由眼球和辅助结构组成。

> 掌握动物眼球壁的结构，掌握脉络膜、睫状体、虹膜、角膜、巩膜的位置

一、眼球

眼球由眼球壁和折光体构成（图 13－1）。

（一）眼球壁

眼球壁由外向内分为纤维膜、血管膜、视网膜 3 层。

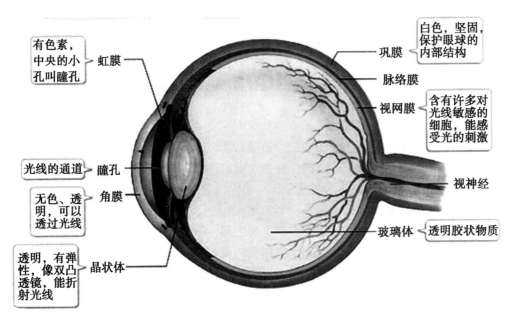

有色素，中央的小孔叫瞳孔 —— 虹膜

白色，坚固，保护眼球的内部结构 —— 巩膜

脉络膜

视网膜 —— 含有许多对光线敏感的细胞，能感受光的刺激

光线的通道 —— 瞳孔

无色、透明，可以透过光线 —— 角膜

透明，有弹性，像双凸透镜，能折射光线 —— 晶状体

视神经

玻璃体 —— 透明胶状物质

图 13－1　眼球的基本结构和功能

（二）眼球内容物（图 13－2）

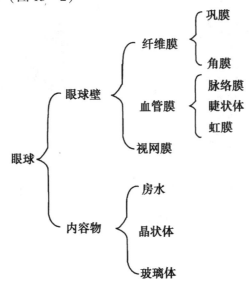

眼球
　眼球壁
　　纤维膜
　　　巩膜
　　　角膜
　　血管膜
　　　脉络膜
　　　睫状体
　　　虹膜
　　视网膜
　内容物
　　房水
　　晶状体
　　玻璃体

图 13－2　眼球的形状和结构

眼球内容物是眼球内一些无色透明的折光结构，包括晶状体、眼房水和玻璃体，它们与角膜一起组成眼的折光系统。

二、辅助结构

眼的辅助结构有眼睑、支架、眼球外肌和泪器等。

（一）眼睑

由皮肤、眼轮匝肌和睑结膜构成，分上眼睑和下眼睑。

（二）第三眼睑

为眼内角处的结膜褶，内有软骨和第三眼睑腺。

（三）支架

颅骨构成的眶和致密结缔组织构成的眶骨膜，保护眼球及其辅助结构。

眶脂肪体具有充填和缓冲等作用。

（四）眼球肌

为横纹肌，位于眶内，附着于眼球赤道和后面。

有上、下两块斜肌，上、下、内、外四块直肌，眼球退缩肌和上睑提肌。

（五）泪器

泪器包括泪腺和泪道两部分。

泪腺在眼球的背外侧，位于眼球与眶上突之间，以十余条排泄管开口于结膜囊。

泪腺分泌泪液，借眨眼运动分布于眼球和结膜表面，有润滑和清洁眼球的作用。

泪道为排出泪液的管道，由泪小管、泪囊和鼻泪管组成。

三、知识要点

（1）眼球壁由3层构成，由外向内依次为纤维膜、血管膜和视网膜（图13-3和图13-4）。

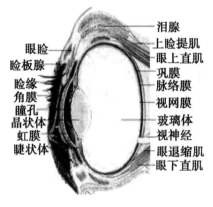

图13-3 马眼球侧矢状切面

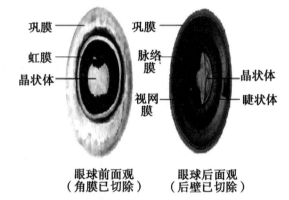

图13-4 眼球前面观和后面观

（2）眼球内容物有晶状体、玻璃体和眼房水。

【作业及思考】

一、名词解释

瞳孔

二、单选题

1. 在眼球的结构中，属于眼球壁纤维膜的是（ ）

A. 巩膜 B. 虹膜 C. 脉络膜 D. 视网膜

2. 在眼球的结构中，属于眼球壁血管膜的是（ ）

A. 巩膜 B. 角膜 C. 脉络膜 D. 视网膜

三、多选题

1. 在眼球的结构中，属于眼球壁纤维膜的是（   ）

A. 巩膜　　B. 虹膜　　C. 脉络膜　　D. 视网膜　　E. 角膜

2. 在眼球的结构中，属于眼球壁血管膜的是（　　　　）

A. 巩膜　　B. 虹膜　　C. 脉络膜　　D. 睫状体

3. 在眼球的结构中，属于眼球壁视网膜的是（　　　　）

A. 视部　　B. 盲点　　C. 盲部　　D. 睫状体

4. 在眼球的结构中，具有折光作用的是（　　　　）

A. 玻璃体　　B. 眼房水　　C. 晶状体　　D. 睫状体

5. 在眼球的结构中，属于眼球内容物的是（　　　　）

A. 晶状体　　B. 玻璃体　　C. 脉络膜　　D. 眼房水

四、简答题

1. 简述眼球的结构。

2. 眼的辅助结构有哪些？各有何作用？

任务（二）　　听觉和位觉器官

【教学内容目标要求】

教学内容：（1）外耳的结构。

　　　　　（2）中耳的结构。

　　　　　（3）内耳的结构。

目标要求：（1）耳的结构。

　　　　　（2）掌握耳的结构的意义。

　　　　　（3）掌握听觉和位觉的关系。

【主要能力点与知识点应达到的目标水平】

教学内容题目	职业岗位知识点、能力点与基本职业素质点	目标水平				
		识记	理解	熟练操作	应用	分析
听觉和位觉器官	知识点：耳的结构	√				
	能力点：掌握并熟记耳的相关知识		√		√	
	职业素质渗透点：了解听觉和位觉的意义					√

【教学组织及过程】

学识内容

听觉的特点：由外耳和中耳及内耳组成。

一、外耳（图 13－5）

外耳包括耳廓、外耳道、鼓膜 3 部分。

耳廓一般呈圆筒状，上端较大，开口向前；下端较小，连于外耳道。耳廓以耳廓软骨为支架。耳廓内面的皮肤长有长毛，但在耳廓基部毛很少且含有丰富的皮脂腺。耳廓

> 掌握动物外耳和中耳及内耳组成。

软骨基部外面包有脂肪垫，并附有许多耳肌，故动物耳廓活动灵活，便于收集声波。

外耳道是耳廓基部到鼓膜的一条管道。外侧部是软骨管，内侧部是骨管，内面衬有皮肤，软骨管部的皮肤含有皮脂腺和耵聍腺。

鼓膜是构成外耳道的一片椭圆形的半透明薄膜，坚韧而有弹性，外面被覆皮肤，内面衬有黏膜。鼓膜将外耳与中耳分隔，随音波振动把外界的声波刺激传导到中耳。

图 13 - 5　家畜耳的形态

二、中耳

中耳包括鼓室、听小骨和咽鼓管 3 部分。

鼓室为位于岩颞骨内部的不规则的小腔。外侧壁有鼓膜，内侧壁以内耳为界。

鼓室内有 3 块听小骨，与鼓膜接触的称为锤骨，与内耳前庭窗相连的称为镫骨，连于两骨之间的称为砧骨。这 3 块听小骨以关节连成一个听骨链。当声波振动鼓膜时，3 块听小骨的连串运动，将声波的振动传入内耳。

咽鼓管为中耳与鼻咽部的通道，衬有黏膜的软骨管，一端开口于鼓室的前下壁，另一端开口于咽侧壁。中耳与外界空气压力可通过咽鼓管取得平衡，防止鼓膜被冲破。马属动物咽鼓管的黏膜向外突出，形成咽鼓管囊，位于颅底腹侧与咽的后上方之间。咽部炎症可经咽鼓管蔓延至中耳。

三、内耳（图 13 - 6）

内耳是盘曲于岩颞骨内的管道系统，形态不规则，构造极复杂，由骨迷路和膜迷路构成。

（一）骨迷路

骨迷路包括前庭、骨性半规管和耳蜗，系颞骨岩部内不规则的腔隙和隧道，腔面覆以骨膜。

（二）膜迷路

是一系列的膜性管和囊，悬于骨迷路内，两者之间为外淋巴间隙，内充满外淋巴。骨性半规管内有膜性半规管，前庭内有球囊和椭圆囊，耳蜗内有蜗管。椭圆囊、球囊、膜半规管的内壁有位觉感受器，在耳蜗管内壁有听觉感受器。

四、听觉

由外耳传入的声波使鼓膜振动，并经听小骨传至前庭窗，导致前庭阶的外淋巴振动，再经前庭膜使耳蜗管的内淋巴液发生振动。前庭阶外淋巴的振动也经耳蜗孔传至鼓阶，使基底膜发生共振，基底膜的振动使盖膜与毛细胞的纤毛接触，引起毛细胞的兴奋，冲动经耳蜗神经传至中枢，产生听觉及听觉反射。

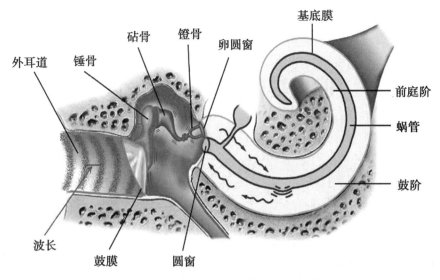

图 13 – 6　声波传入内耳的途径示意图

五、知识要点

（1）外耳包括耳廓、外耳道、鼓膜 3 部分。

（2）中耳包括鼓室、听小骨和咽鼓管 3 部分。

（3）内耳是盘曲于岩颞骨内的管道系统，形态不规则，构造极复杂，由骨迷路和膜迷路构成。

（4）听觉及听觉反射。

【作业及思考】

一、名词解释

1. 咽鼓管

2. 鼓膜

二、单选题

1. 在耳的结构中，属于外耳结构的是（　　）

A. 耳廓　　　B. 耳蜗　　　C. 听小骨　　　D. 半规管

2. 在耳的结构中，属于内耳结构的是（　　）

A. 耳廓　　　B. 耳蜗　　　C. 听小骨　　　D. 外耳道

三、多选题

1. 在耳的结构中，属于中耳结构的是（　　　　）

A. 鼓膜　　　B. 鼓室　　　C. 听小骨　　　　D. 咽鼓管　　　E. 耳蜗

2. 在耳的结构中，属于内耳结构的是（　　　　）

A. 耳廓　　　B. 耳蜗　　　C. 听小骨　　　　D. 半规管

四、简答题。

简述耳的结构。

能力单元十四　体　温

【教学内容目标要求】

教学内容：（1）体温。

　　　　　（2）机体的产热和散热。

　　　　　（3）各种畜禽对外界高温和低温的反应。

目标要求：（1）熟知各类畜禽的正常体温以及测量体温的部位。

　　　　　（2）掌握体温相对恒定的意义。

　　　　　（3）掌握畜禽体温变化的几种表现形式及对诊病的现实意义。

【主要能力点与知识点应达到的目标水平】

教学内容题目	职业岗位知识点、能力点与基本职业素质点	目标水平				
		识记	理解	熟练操作	应用	分析
体温	知识点：体温 能力点：掌握并熟记体温的相关知识 职业素质渗透点：了解体温恒定的意义	√	√		√	√

【教学组织及过程】

学识内容

提问

讲解新内容

一、体温（图 14 – 1）

体温通常指的是直肠内的温度。

> 掌握各种动物正常的体温，掌握测量体温的方法。

畜禽的体温受品种、年龄、性别、身体生理状况、昼夜变化、饥饱状况和肌肉工作等因素的影响，而出现正常的变异。

健康畜禽的体温（直肠内测定）（表 14 – 1）。

表 14 – 1　健康畜禽的体温（直肠内测定）

动物	体温（℃）	动物	体温（℃）	动物	体温（℃）
黄牛	37.5 ~ 39.0	山羊	37.6 ~ 40.0	猫	38.0 ~ 39.5
水牛	37.5 ~ 39.5	马	37.2 ~ 38.3	兔	38.5 ~ 40.0
乳牛	38.0 ~ 39.3	骡	38.0 ~ 39.0	鸡	40.0 ~ 43.3

（续表）

动物	体温（℃）	动物	体温（℃）	动物	体温（℃）
犊牛	38.5～39.5	驴	37.0～38.0	鸭	41.0～42.5
肉牛	36.7～39.1	猪	38.5～40.0	鹅	40.0～41.3
绵羊	38.5～40.5	狗	37.5～39.5	鸽	41.3～42.2

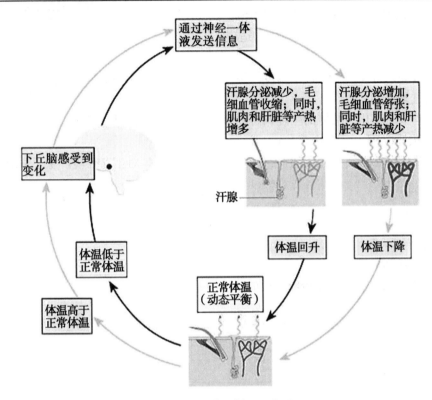

图 14-1　体温循环示意图

二、机体的产热和散热

（一）产热

（1）产热器官：骨骼肌和肝脏。

（2）等热范围：

机体的代谢随环境温度而改变。适当的环境温度，就可使动物的代谢强度和产热量保持在生理的最低水平，这种温度称为动物的等热范围或代谢稳定区。

（二）散热

散热的途径：

（1）通过体表皮肤散热。

（2）经呼吸器官散热。

（3）使吸入气、饮入水及食物升温而耗热。

（4）通过粪尿排泄散热。

散热的方式：辐射、传导、对流、蒸发。

三、各种畜禽对外界高温和低温的反应

（一）外界高温和低温条件下畜禽体温的变化

1. 牛：耐寒能力较弱，耐热能力较差。

2. 羊：对高温的耐受能力较强。

3. 猪：对高温和低温的耐受能力都较差。

4. 鸡：耐寒能力一般比耐热能力稍强。

> 结合家畜环境卫生理解在家畜的生活环境中要控制温度，达到家畜的适温区

（二）畜禽在寒冷或炎热环境中的适应

1. 惯习和耐受

通常数周内畜禽生活在极端温度环境中，发生的生理性调节反应称为惯习。

2. 风土驯化

随着季节性变化，机体的生理调解逐渐发生改变，称为风土驯化。

3. 气候适应

经过几代自然选择和人工选择，动物遗传发生变化，对生存环境产生了适应，称为气候适应。

四、知识要点

体温调节

【作业及思考】

1. 体温是如何产生的？

2. 动物在不同的外界环境中是如何散热的？

能力单元十五　家禽解剖生理特征

任务（一）　家禽解剖生理

【教学内容目标要求】

教学内容：（1）运动系统和被皮。

　　　　　（2）内脏；心血管和免疫系统；内分泌和神经系统；泌尿、生殖系统。

目标要求：（1）掌握家禽运动系统和被皮的特点。

　　　　　（2）掌握家禽消化、呼吸心血管、免疫内分泌和神经系统、泌尿、生殖与畜禽的区别。

【主要能力点与知识点应达到的目标水平】

教学内容题目	职业岗位知识点、能力点与基本职业素质点	目标水平				
		识记	理解	熟练操作	应用	分析
家禽解剖生理特征	知识点：运动、被皮、消化、呼吸、心血管、免疫、内分泌和神经、泌尿、生殖系统	√				
	能力点：掌握并熟记各系统的相关知识		√		√	
	职业素质渗透点：在不同中找相同，学习一种对比的学习方法					√

【教学组织及过程】

学识内容

一、运动系统

（一）骨骼

（1）头部骨骼：分为颅骨和面骨，各骨普遍愈合，不易分辨。

关节：下颌关节，夹有方骨。

（2）躯干骨骼：包括椎骨、肋和胸骨。

颈椎：形成乙状弯曲，关节活动灵活。

胸椎：互相愈合，不能活动。

肋：第1对、第2对和末肋不与胸骨相连，大部分肋有钩状突，加固胸廓。

胸骨：特别发达，腹面有胸嵴，增加胸肌附着面积和保护内脏。

腰荐椎：与相邻胸椎、尾椎愈合成一个整体，无活动性。

尾椎：成为尾综骨，是尾羽和尾脂腺的支架。

（3）前肢骨骼：肩胛骨、乌喙骨和锁骨构成肩带，臂骨、前臂骨、腕骨、掌骨和指骨构成翼部。

（4）后肢骨骼：盆带骨也包括髂骨、坐骨和耻骨。耻骨细长。骨盆底开放，利于雌禽产卵。游离部骨由股骨、膝盖骨、小腿骨（包括胫骨和腓骨）和后脚骨组成。

（二）肌肉

家禽肌纤维较细，肌肉没有脂肪沉积。

二、被皮系统

（一）皮肤

家禽皮肤较薄，无汗腺和皮脂腺，仅在尾部具有尾腺。

（二）皮肤衍生物

（1）羽毛：羽毛是皮肤的衍生物，根据羽毛的形态可分为被羽、绒羽和纤羽。

（2）冠的表皮薄；真皮厚，含丰富的血管。

（3）肉髯和耳垂的构造与冠基本相似。

（4）脚上的鳞片和爪以及距，均是由表皮角质层加厚所形成的。

三、消化系统

家禽消化系统由口、咽、食管、胃、肠、泄殖腔、肛门和肝、胰等器官组成。

（一）口和咽

家禽口腔和咽腔直接相通。无唇和齿。上下颌表面是喙，采食器官。

> 结合养鸡理解家禽的雌雄鉴别及高产鸡的鉴别

（二）食管

家禽食管宽大，富有弹性。鸡食管在胸前口处有一膨大，称为嗉囊。

（三）胃

家禽的胃分为两个，前一个是前胃，后一个叫肌胃。

（四）肠

小肠分十二指肠、空肠和回肠。大肠包括盲肠和直肠。

（五）泄殖腔和肛门

泄殖腔位于直肠后方，为一椭圆囊。它是消化、泌尿和生殖三大系统末端的共同通道。

（六）肝和胰

（1）肝：家禽肝脏较大，位于腹腔前下部，分左、右两叶，右叶较大，具有胆囊。

（2）胰：位于十二指肠升、降袢之间。淡黄色或淡红色，可分为背叶、腹叶和脾叶。

四、呼吸系统

（一）鼻腔

由鼻中膈分为左、右两半。内有前、中、后3个鼻甲。

（二）喉和气管

喉位于咽底壁，与鼻孔相对。喉软骨只有环状和勺状软骨两种，被固有喉肌连接在一起。

（三）鸣管

鸣管位于胸前口气管杈处，它以鸣骨为支架，加上内、外鸣膜共同构成。

（四）肺

禽肺呈鲜红色，左、右各一叶，肺的壁面紧贴在胸壁和脊柱上，肺组织嵌入肋间隙内。

（五）气囊

它是肺内支气管黏膜突出形成的，外被浆膜。禽气囊包括：成对的颈气囊、胸前气囊、胸后气囊、腹气囊和一个锁骨间气囊。气囊的作用是贮存气体、减轻体重和调节体温。

五、泌尿系统（图 15－1）

家禽泌尿系统包括肾和输尿管，没有膀胱。

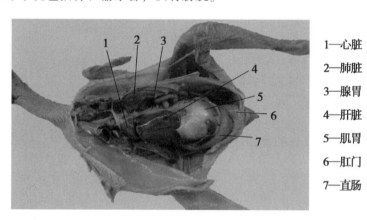

1—心脏

2—肺脏

3—腺胃

4—肝脏

5—肌胃

6—肛门

7—直肠

图 15－1　家禽解剖生理示意图

（一）肾

一对，位于腰荐骨两侧的凹窝内，酱红色。可据表面浅沟分为前、中、后三叶。禽肾无肾门。肾的血管和输尿管直接从肾表面进出。

（二）输尿管

自肾前、中叶之间起始，然后向后伸延，开口于泄殖腔的泄殖道。

六、生殖系统　掌握蛋的形成过程以及畸形蛋的形成机制

（一）雄禽生殖系统

包括睾丸、附睾、输精管和交配器官。无副性腺。

（二）雌禽生殖系统

包括卵巢和输卵管。

（1）蛋的形成过程：输卵管分为漏斗部、蛋白分泌部、峡部、子宫部和阴道部。

（2）漏斗部：形成蛋黄。

（3）蛋白分泌部：分泌蛋清。

（4）峡部：使蛋清外表面包裹两层蛋白和纤维性的卵黄膜。

（5）子宫部：形成蛋壳。

（6）阴道部：产道。

七、循环系统

家禽循环系统由心脏和血管组成。

心脏构造特点：是右心房有一静脉窦；右房室口上不是三尖瓣，而是一个肌瓣，也无腱索。

禽的血管系统：包括动脉和静脉，家禽的静脉特点是两条颈静脉位于皮下，沿气管两侧延伸，右颈静脉较粗。前腔静脉1对。

八、淋巴系统

（一）淋巴管

家禽组织内毛细淋巴管逐渐汇合成较大的淋巴管，再由淋巴管汇合成胸导管。禽有一对胸导管。

> 结合家禽的免疫途径进行讲解

（二）淋巴组织

1. 胸腺：位于颈部两侧皮下，分叶状，一般每侧7叶。

2. 腔上囊：又称法氏囊。（免疫）

3. 脾：位于腺胃与肌胃交界处的右腹侧。棕红色。

4. 淋巴结：鸡没有淋巴结。鸭等水禽有两对。

九、内分泌

家禽的内分泌腺除具有脑垂体、肾上腺、松果体、甲状腺和甲状旁腺外，还有鳃后腺。

十、神经系统

（一）中枢神经系统

1. 脊髓：延伸于椎管全长，无马尾。腰膨大的背侧有一菱形窦，内充满胶状质。

2. 脑：大脑半球不发达，无沟回。小脑蚓部明显，缺半球，有1对绒球。

（二）外周神经

1. 脊神经：臂神经丛由自颈膨大发出的4对脊神经的腹侧支形成。其分支到前肢和胸部肌肉。腰荐部8对脊神经的腹侧支形成腰荐神经丛，分布于后肢和盆部。

2. 脑神经：12对。三叉神经最发达。副神经有明显的根，但无独立分支。

3. 植物性神经

（1）交感神经系统有交感干1对。颈部交感干位于横突管内，与椎动脉伴行，与每个颈神经交叉处均有一神经节。胸部交感干为双节间支。沿肠的系膜缘有肠神经。

（2）副交感神经也分为头、荐两部。但以迷走神经为主。

十一、知识要点

（略）

【作业及思考】

一、名词解释

1. 鸣管

2. 气囊

3. 嗉囊

4. 腔上囊

5. 鸡内金

二、单选题

1. 在禽类的脊柱中椎骨数目最多的是（　　）

A. 颈椎　　　B. 胸椎　　　C. 腰椎　　　D. 荐椎

2. 在脊柱的组成中，颈椎数目最多的动物是（　　）

A. 牛　　　B. 猪　　　C. 鸡　　　D. 羊

3. 在脊柱的组成中，颈椎数目最少的动物是（　　）

A. 鸭　　　B. 猪　　　C. 鸡　　　D. 鹅

4. 在脊柱的组成中，胸椎数目最少的动物是（　　）

A. 牛　　　B. 猪　　　C. 鸡　　　D. 羊

5. 下列骨骼中，禽类特有的骨骼是（　　）

A. 枕骨　　　B. 额骨　　　C. 方骨　　　D. 舌骨

6. 下列骨骼中，禽类特有的骨骼是（　　）

A. 肩胛骨　　　B. 乌喙骨　　　C. 尺骨　　　D. 掌骨

7. 成年家禽体内不明显的骨骼是（　　）

A. 股骨　　　B. 胫骨　　　C. 髋骨　　　D. 跗骨

8. 禽类口腔内具有的结构是（　　）

A. 硬腭　　　B. 软腭　　　C. 唇　　　D. 齿

9. 家禽的卵黄囊憩室位于（　　）

A. 十二指肠　　　B. 空肠和回肠交界处　　　C. 盲肠　　　D. 直肠

10. 家禽的输尿管开口于（　　）

A. 粪道　　　B. 泄殖道（背侧）　　　C. 肛道　　　D. 膀胱

11. 家禽的输卵管开口于（　　）

A. 粪道　　　B. 泄殖道（左侧）　　　C. 肛道　　　D. 子宫角

12. 鸡体内不存在的淋巴器官是（　　）

A. 脾　　　B. 淋巴结　　　C. 胸腺　　　D. 腔上囊

13. 无胆囊且盲肠很不发达的动物是（　　）

A. 鸡　　　B. 鸽　　　C. 鸭　　　D. 鹅

14. 家禽无（　　）其尿液由输尿管直接注入泄殖腔

A. 肾脏　　　B. 输尿管　　　C. 膀胱　　　D. 排尿通道

三、多选题

1. 在脊柱的组成中，颈椎数目最少的动物是（　　　　）

A. 鸭   B. 猪   C. 鸡   D. 鹅   E. 牛

2. 禽类口腔内不具有的结构是（   ）

A. 硬腭   B. 软腭   C. 唇   D. 齿   E. 舌

3. 属于禽类的胃有（   ）

A. 瘤胃   B. 肌胃   C. 网胃   D. 腺胃   E. 皱胃

4. 下列结构中，开口于泄殖道的有（   ）

A. 输尿管   B. 输精管   C. 输卵管   D. 胸导管

5. 禽类的喉内具有（   ）

A. 甲状软骨   B. 勺状软骨   C. 环状软骨   D. 声带

6. 下列结构中，属于禽类的器官有（   ）

A. 鸣管   B. 气囊   C. 声带   D. 腺胃

7. 鸡体内的淋巴器官包括（   ）

A. 脾   B. 盲肠扁桃体   C. 胸腺   D. 腔上囊

8. 家禽体内性成熟后逐渐退化并消失的器官是（   ）

A. 脾   B. 淋巴结   C. 胸腺   D. 腔上囊

9. 下列结构中属于禽类输卵管的有（   ）

A. 漏斗部   B. 膨大部   C. 峡部   D. 子宫部   E. 阴道部

四、判断题

1. 家畜和家禽的四肢骨骼组成是一样的。（ ）

2. 家畜和家禽的胃都是复胃动物。（ ）

3. 鸡体内也有脾、淋巴结、胸腺等淋巴器官。（ ） 鸡体内没有淋巴结

4. 家畜和家禽的小肠都分为十二指肠、空肠和回肠三段。（ ）

5. 家畜和家禽中，马和鸽子没有胆囊，胆汁有肝管直接注入十二指肠。（ ）

6. 家禽的食道从口腔到胃之间粗细均匀。（ ）

7. 家禽的发声器官跟家畜一样位于喉腔内。（ ） 家禽在气管与支气管之间

8. 禽类的睾丸位于腹腔内。（ ）

9. 家畜和家禽肺的各级支气管分支分布是一样的。（ ）

10. 家禽与家畜的皮肤内都具有丰富的汗腺和皮脂腺。（ ）

11. 家禽与家畜的肋骨数目和形态结构一样。（ ）

12. 家禽的肺与气囊相通，有些骨髓腔与气囊相通称气骨。（ ）

13. 鸡体内没有淋巴结而有脾、胸腺。（ ）

14. 禽类的发声器官为鸣管，公鸭的发声器官为鸣泡。（ ）

五、简答题

1. 鸡的骨骼与畜禽的有何不同点？

2. 鸡的心脏与畜禽的有何不同？

任务（二）　　家禽器官解剖与观察

【实验实训十一　家禽解剖】

班　　级				指导教师			
时　　间	年　月　日	周次		节次		实验（实训）时数	2
实验（实训）项目名称	实验实训一：显微镜的构造、使用和保养方法		实验（实训）项目类别		□课程实验　　□课程实习 □岗位综合实训　□技能训练		
实验（实训）项目性质		□演示性　□验证性　□应用性　□设计性　□综合性					
实验（实训）组织	实验（实训）地点		同时实验（实训）人数/组数			每组人数	
	实验室						

【实践教学能力目标】

掌握家禽消化、呼吸、泌尿和生殖系统各个器官的形态构造及位置关系。

学习禽体解剖的基本技能。

一、目的要求

（1）掌握家禽消化、呼吸、泌尿和生殖系统各个器官的形态构造及位置关系。

（2）学习禽体解剖的基本技能。

二、材料用具

公鸡、母鸡和四月龄鸡、解剖刀、剪、骨钳、镊、解剖板、细胶管（0.5厘米）棉线绳、脸盆和毛刷。

三、实训方法

（一）将禽切颈（不可断头）放血致死，置于解剖板上，用水将全身羽毛刷湿。

（二）将禽仰卧，由喙腹侧开始，沿颈、胸、腹正中直至泄殖孔附近将皮肤剪开。向两侧剥皮至翼根和腹股沟部。

（三）自胸骨后端至泄殖腔剪开腹壁再从此切口沿胸骨两侧剪断胸肋骨至锁骨，小心的剪断心、肝与胸骨间的系膜，将胸骨翻向前方。

（四）由喉口插入细胶管，慢慢吹气并用棉线绳结扎气管，观察各气囊的位置与形状，然后剪除胸骨。

（五）内脏器官的观察（图15-2）

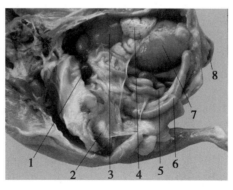

1—脾
2—肌胃
3—卵黄
4—输卵管
5—直肠
6—十二指肠
7—输卵管膨大部
8—肛门

图 15-2　家禽内脏器官示意图

（1）消化系统各器官的观察：观察喙、腭裂、舌、食管、鸡嗉囊、腺胃和肌胃并注意腺胃乳头、类角质膜、胃黏膜、肌层和外膜以及幽门；确认十二指肠绊、肝、胰、空肠、回肠、两条盲肠、直肠和泄殖腔并注意区别粪道、泻殖道和肛道，注意腔上囊和盲肠扁桃体的所在位置；注意脾脏的位置、形态。

（2）呼吸系统各器官的观察：观察鼻孔、喉口、气管黏膜、鸣管、支气管和肺，注意肺的颜色、位置。

（3）泌尿系统各器官的观察：观察左右两肾和左右输尿管，注意肾位置、颜色和分叶。

（4）生殖系统各器官的观察：观察公禽的睾丸、输精管，注意其位置、颜色，注意输精管的起止端。观察母禽的卵巢和输卵管，注意卵巢的形态和各期卵泡，输卵管五段的区分及各部黏膜面，输卵管伞、腹腔口及输卵管与泄殖腔的连通关系。

（六）心和坐骨神经观察

观察心和心包，注意其位置及心腔结构；翻开股二头肌，观察坐骨神经，注意位置关系及该神经的颜色和粗细均匀情况。

四、教学组织

学生分两组，一组一小时；教师认真讲解操作规程，边讲解边演示；在学生基本清楚的情况下，教师可以进行分别指导。

【考核】

无

【实践小结】

熟悉家禽解剖生理特征和结构（图15－3）。

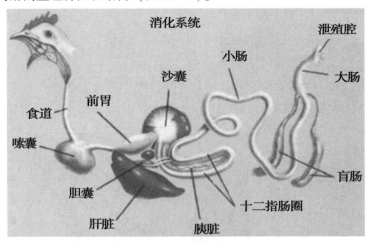

图15－3　鸡解剖生理示意图

【作业及思考】

1. 绘出禽消化系统简图。

2. 绘出母禽生殖系统简图。

能力综合（一）　家畜生理常数的测定

【实验实训十二　家畜生理常数的测定】

班级				指导教师			
时间	年　月　日	周次		节次		实验（实训）时数	2
实验（实训）项目名称	实验实训一：显微镜的构造、使用和保养方法			实验（实训）项目类别	□课程实验　　　□课程实习 □岗位综合实训　□技能训练		
实验（实训）项目性质		□演示性　□验证性　□应用性　□设计性　□综合性					
实验（实训）组织	实验（实训）地点		同时实验（实训）人数/组数			每组人数	
	实验室						

【实践教学能力目标】

（1）掌握心音、胃肠音的听取；脉搏检查。

（2）呼吸、频率和体温测定学习禽体解剖的基本技能。

一、目的要求

掌握心音、胃肠音的听取；脉搏检查；呼吸、频率和体温测定。

二、材料用具

牛、羊、保定绳、听诊器、温度计。

三、实验内容

（一）将牛、马牵入六柱栏内，保定确实。

（二）牛的瘤胃

主要位于腹腔左侧，前界与第7～8肋间相对，后界达骨盆腔前口。

听诊点一般在左髂部。可听到"沙沙音"，记录每分钟的次数；网胃对应于6～8肋间，稍偏左侧；瓣胃在右侧与7～11肋间相对应，第三胃注射点，在9～10肋间与肩关节水平线的交点上，针刺方向为对侧肘突；皱胃位于剑状软骨部，约与8～12肋骨相对；右侧腹部可听到小肠蠕动音，音似流水音。

（三）家畜呼吸式的观察

在活体牛（马）肋间隙和腹部外下方夹上带旗毛夹，在活体稍远处仔细观察两处小旗的摇动情况，判定实习动物的呼吸式。

（四）呼吸频率的测定

数出活牛（马）胸腹部小旗在2分钟内的摇动次数，求出平均1分钟的呼吸次数。

（五）使动物左前肢前踏半步，暴露左侧胸壁，确定心脏在左侧胸壁的投影位置：肩关节水平线下，2～6肋间的肘窝处。用听诊器听诊心音、并分辨一、二心音大小、高低等。

四、教学组织

教师认真讲解操作规程，边讲解边演示；在学生基本清楚的情况下，教师可以进行分别指导。

【考核】

无

【实践小结】

熟悉家畜生理常数的测定要求。

【作业及思考】

学生熟练记忆三项家畜生理常数（见备注）。

此内容为技能项目，考核办法、时间与地点。

教师认真讲解示范操作，黑板上写出评分标准，逐人考核，在教学实习时进行，（详细见技能考核方案）。

能力综合（二）　家畜内脏器官的观察

【实验实训十三　家畜内脏系统器官观察】

班级				指导教师			
时间	年　月　日	周次		节次		实验（实训）时数	2
实验（实训）项目名称	实验实训一：显微镜的构造、使用和保养方法			实验（实训）项目类别		□课程实验　　　□课程实习 □岗位综合实训　□技能训练	
实验（实训）项目性质		□演示性　　□验证性　　□应用性　　□设计性　　□综合性					
实验（实训）组织	实验（实训）地点		同时实验（实训）人数/组数			每组人数	
	实验室						

【实践教学能力目标】

掌握家畜消化、呼吸、泌尿和生殖系统各个器官的形态构造及位置关系。

学习畜体解剖的基本技能。

一、目的要求

正确指出反刍动物的 4 个胃；各种动物小肠、盲肠、结肠、心、肺、喉、卵巢、肾等的位置与形态特征。

二、材料用具

牛、羊、解剖刀、剪刀、镊子。

三、实验内容

（一）消化器官的观察

（1）口腔：牛唇短厚、上唇无毛与鼻孔间形成鼻唇镜。羊的上唇中间有明显的纵沟。

（2）胃：牛羊均有四个胃，其中瘤胃最大，而网胃（牛）、瓣胃（羊）最小。

（3）小肠：全部位于右侧腹腔。

（4）大肠：以回盲口为界，探察盲肠和结肠。其中盲肠位于腹腔右半部的上 1/3 处。

（5）肝和胰：肝的分叶不明显、有胆囊，完全位于右季肋部；胰呈长板状。

（二）呼吸器官的观察

（1）鼻、咽的观察：用头部标本观察鼻中隔、鼻甲骨、鼻道、鼻黏膜各区、额窦、上颌窦和咽。

（2）喉、气管和支气管的观察：用离体呼吸器官标本观察喉软骨、喉黏膜、喉口、气管软骨环、气管黏膜、支气管、支气管黏膜。

（3）肺的观察：用离体标本和胸腔新鲜标本观察肺的颜色、位置关系，肺的三面和三缘、心压迹、心切迹、肺门，触摸肺的质地，分辨肺的分叶和肺小叶。

（4）纵隔、胸膜和胸膜腔的观察：用胸腔新鲜标本观察纵隔、各区胸膜及胸膜腔。

（三）泌尿器官的观察

（1）用浸制标本观察肾纤维膜、肾门、肾窦、皮质、髓质、肾乳头、肾盏、集收管或肾盂。

（2）输尿管、膀胱和尿道的观察：用整套泌尿系统离体标本观察输尿管（注意起止端）、膀胱顶、膀胱体、膀胱颈、膀胱外膜、膀胱黏膜、公畜骨盆部尿道和阴茎部尿道、尿道外口、母畜尿道外口、尿道憩室。

（四）生殖器官的观察

（1）公畜生殖器官：注意观察阴囊、睾丸、附睾、精索和输精管的形态、结构及它们之间的位置关系。

（2）母畜生殖器官：注意观察卵巢、子宫的形态、结构、位置及各器官之间的位置关系。

（五）心血管系统的观察

（1）心包：注意心包的壁层（纤维层）和紧贴心脏的心外膜之间构成心包腔，腔内有少量滑液。

（2）剥去心包，观察心脏的外形、冠状沟、室间沟、心房、心室及连接在心脏上的各类血管，并指出各自的名称及血流方向。

（3）沿右侧做纵切，切开右心房和右心室、右心室口。

①观察右心房和前、后腔静脉入口，用直尺量心房肌的厚度（记录）。

②观察右心室和肺动脉口的瓣膜，右心室壁的厚度（测量记录）、乳头肌、腱索。

③观察右房室瓣，注意腱索附着点。

（4）沿左侧做纵切，切开左心室和左心房、左房室口。

①观察左心室壁，测量其厚度并和右心室壁及心房作比较。

②观察左房室口的瓣膜，并和右房室瓣作比较。

③观察左心房，找到肺静脉的入口。

④沿左房室瓣深面找到主动脉口并做纵形切口，观察主动脉瓣的结构。

四、教学组织

学生分两组，一组一小时；教师认真讲解操作规程，边讲解边演示；在学生基本清楚的情况下，教师可以进行分别指导。

【考核】

无

【实践小结】

熟悉家畜内脏系统器官形态和结构。

【作业及思考】

1. 绘出禽消化系统简图。

2. 绘出母禽生殖系统简图。

主要参考文献

1. 王会香，孟婷.畜禽解剖生理（第三版）［M］.北京：高等教育出版社，2009.
2. 丑武江.《家畜解剖与生理》教案［G］.乌鲁木齐：新疆农业职业技术学院，2003.
3. 周基虎.畜禽解剖生理［M］.北京：中国农业出版社，2006.
4. 李福宝.动物局部解剖学［M］.北京：中国农业大学出版社，2010.